KB021390

한 번 장봐서 **일주일 먹는다**

한입에
주간 도시락

요리 이이슬(스리도시락)

수작걸다

좋아요 스리도시락

@_miniseul 최다 LIKE 도시락 모음 16선

bbo_1003 너무 사랑스러운 도시락♥
dongmi_lee 진짜 금손금손! 사랑 넘치는 예쁜 케첩 아트!
lee_eunjung316 도시락 대박이네요! 어우~ 먹고 싶어라.
mairchung 스리도시락은 알록달록 어쩜 색감이 이리 이쁠꼬♥
m1_ae_ 늘 보고 있지만 감각이 탁월해요!
lovely_sisimom 더 집중하면 킹 오브 도시락 나오는 거 아닌가요?

♥2400

_miniseul

20171127

1단 하트오므라이스
2단 소시지채소볶음
3단 멸치볶음+갈릭파스타+깍두기

♥2100

_miniseul

20171019

1단+2단 감자샐러드빵
3단 김밥전+수제피클+포도

♥2083

_miniseul

20170926

1단 꼬마김밥
2단 라면
3단 요구르트+복숭아+거봉

♥1963

_miniseul

20171124

1단 반반밥 with 하트달걀말이
2단 소시지 with 찹스테이크
3단 시금치나물+동그랑땡+갓김치

♥1939

_miniseul

20170821

1단 무스비
2단 떡볶이 with 삶은 달걀
3단 만두+피클&할라피뇨+골드키위

♥1889

_miniseul

20171120

1단 못난이주먹밥
2단 떡볶이
3단 어묵튀김+김말이튀김+삶은 달걀

♥1780

_miniseul

20170817

1단 소시지볶음밥
2단 도토리묵
3단 치킨너겟+줄기볶음+도라지나물

_miniseul

❤ ○ ◁ 20180207

1단+2단 매운 카레+크림카레
3단 콘샐러드+볶음김치+돈가스

_miniseul

❤ ○ ◁ 20170804

1단 새싹비빔밥
2단 두부조림
3단 고구마샐러드+멸치볶음+키위

_miniseul

❤ ○ ◁ 20170830

1단 양배추쌈밥
2단 크래미달걀말이
3단 파김치+소고기장조림+오이피클

_miniseul

❤ ○ ◁ 20170803

1단 햄김치볶음밥
2단 콥샐러드
3단 고구마샐러드+귤+수제피클

_miniseul

❤ ○ ◁ 20180108

1단+2단 크래미유부초밥
3단 콘샐러드+찹스테이크+딸기

_miniseul

❤ ○ ◁ 20171010

1단+2단 소고기묵은지초밥
3단 락교&초생강+포도+과일샐러드

_miniseul

❤ ○ ◁ 20170904

1단 냉메밀
2단 새우초밥
3단 치자단무지&할라피뇨+돈가스+포도

_miniseul

❤ ○ ◁ 20171117

1단 소시지달걀볶음밥
2단 족발 with 갓김치
3단 사과+쥐포볶음+호박전

_miniseul

❤ ○ ◁ 20171204

1단+2단 김밥
3단 콘샐러드+칠리새우+딸기

WEEKLY LUNCHBOX INFORMATION

1+WEEK | 단백질 도시락 by 소고기 · 돼지고기

2+WEEK | 에너지 도시락 by 닭고기

WEEKLY LUNCHBOX
INFORMATION

1 밥+주반찬+밑반찬이 기본

스리도시락의 핵심은 3단입니다. "작은 도시락 하나도 채우기 힘든데, 매일 아침 3단 도시락이라니!" 놀랄 법도 하지만 1단, 2단, 3단의 기능을 나누면 생각보다 심플해집니다.

1단　　**밥**　　1단은 밥을 위한 공간입니다. 밥과 반찬이 섞이지 않게 분리해 담고 컬러나 모양으로 밥에 포인트를 줍니다. 컬러는 병아리콩, 풋콩, 완두콩 등의 콩이나 흑미, 클로렐라쌀, 강황쌀 등의 컬러쌀로 달리하고 모양은 삼각형, 원형 모양틀을 이용하지요. 후리가케, 달걀프라이 등으로 포인트를 주거나 김밥김과 치즈, 케첩을 이용해 다양한 캐릭터를 그리기도 합니다.

2단　　**주반찬**　　2단은 주반찬, 즉 메인반찬을 위한 공간입니다. 육류나 해산물을 활용한 구이, 볶음, 찜, 튀김 등의 요리로 도시락 용기에 상추나 깻잎을 깔고 그 위에 담으면 소스나 기름이 묻어날 염려가 없고 양도 푸짐해 보입니다. 주반찬은 같은 크기로 잘라서 세로로 줄 세워 넣고 그 위에 파슬리가루나 송송 썬 쪽파, 깻잎채, 참깨 등을 한 줄로 뿌려 마무리합니다.

3단　　**밑반찬 +디저트**　　3단은 밑반찬 및 디저트를 담습니다. 재료나 맛이 주반찬과 겹치지 않게 준비하고 1단, 2단의 컬러도 고려합니다. 총 3칸 중 2칸에는 무침, 장아찌, 볶음 등의 나물요리를, 남은 1칸에는 샐러드나 디저트용 과일을 담습니다. 숨이 빨리 죽고 물이 생기기 쉬운 나물요리는 양념장만 미리 만들어놓고 당일 아침에 버무려 넣기도 합니다. 색감과 맛을 살리는 방법입니다.

2 일주일 단위로 메뉴 구성

바쁜 아침시간, 출근을 앞두고 3단 도시락을 싸기 위해서는 노하우가 필요합니다. 일주일 단위로 식단을 구성하는 게 시작입니다.

STEP 1 1주일 식단 미리 짜기

매주 일요일 저녁에는 새로운 한 주의 도시락을 준비합니다. 식단 짜기, 장보기, 재료 다듬기, 밑반찬 만들기까지 모두 일요일 저녁에 하지요. 먼저 메뉴를 짜서 장보기 전에 수첩에 적어두는데, 매주 핵심 재료를 정해 식재료를 모두 소진할 수 있게 식단을 구성합니다.

STEP 2 밑반찬 6가지 + 주반찬 5가지

일주일 식단은 밑반찬 6가지, 주반찬 5가지로 이루어집니다. 밑반찬 6가지는 매일 2가지씩 번갈아 활용하고, 메인요리 격인 주반찬 5가지는 그날 아침에 즉석에서 조리해 담습니다. 밑반찬은 2일분씩, 주반찬은 1일분씩 준비하는데 밑반찬과 주반찬은 가능한 컬러나 재료 겹치지 않도록 체크합니다.

STEP 3 장보기는 1주일에 1번

식단이 나오면 장보기를 준비합니다. 장보기 전에 냉장고를 체크해 구입 리스트를 따로 적어두죠. 1주일 장보기 비용은 3만원 선. 이중 2만원은 5가지 주반찬 준비에, 1만원은 6가지 밑반찬 준비에 사용합니다. 채소는 소량 구입이 가능한 재래시장에서, 고기도 원하는 만큼 구입 가능한 정육점에서, 나머지는 마트에서 타임세일 때 구입합니다.

3 최소 3색 이상 컬러 매치

도시락을 열었을 때 최소 3가지 이상의
컬러가 보이도록 메뉴를 구성합니다.
빨강, 노랑, 초록이 기본 컬러입니다.

흰색

흰색 채소에는 콜레스테롤 감소와 항암에
효과적인 안토잔틴과 플라보노이드 성분이
함유되어 있습니다. 도시락을 더욱 컬러풀하게
만들어주는 색상입니다.

빨강

빨간색은 식욕을 돋웁니다. 빨간색을 띠는 채소와
과일에는 항암 작용이 뛰어난 라이코펜과 면역력
증진에 좋은 안토시아닌이 들어 있습니다. 음식을
먹음직스럽게 보이게 하는 컬러이기도 합니다.

노랑

노란색은 도시락이 풍성해 보이도록 만듭니다.
단호박, 옥수수, 바나나 등에는 노화예방 및 항암에
좋은 카로티노이드 성분뿐만 아니라 비타민과
칼륨도 많이 함유되어 있습니다.

초록

자주 도시락에 오르는 초록색 채소와 과일은
우리 몸의 신진대사를 촉진시키고 해독 작용
및 피로회복에 도움을 줍니다. 도시락에 생기를
불러일으켜줘요.

갈색&보라&검정

보라색과 검은색을 띠는 채소와 과일 속의
안토시아닌 성분이 노화예방과 면역력 증가,
기억력 향상에 도움을 줍니다. 또한 식욕 감퇴에도
영향을 미쳐 다이어트에도 효과적입니다.

4 궁극의 소스·장식·도구

시간단축을 위해서는 사전 준비가 필요합니다.
자주 사용하는 양념과 소스는 미리 만들어두고,
세팅에 필요한 장식 재료와 도구도 준비합니다.

자주 쓰는 양념장은 미리 준비

조리를 하다보면 양념장은 크게 간장 베이스와 고추장
베이스로 나뉩니다. 기본적인 양념장과 자주 사용하는
소스는 미리 준비해둡니다.

간장 양념장 간장 3큰술, 설탕 · 청주 2큰술씩, 참기름 1큰술, 다진 마늘 · 후춧가루 1/2큰술씩
고추장 양념장 고추장 3큰술, 간장 · 고춧가루 · 설탕 · 매실청 · 올리고당 · 다진 마늘 1큰술씩, 참기름 1/2큰술
참깨 드레싱 마요네즈 3큰술, 참깨 2큰술, 양파 1/8개, 간장 · 레몬즙 1큰술씩, 설탕 · 올리고당 1/2큰술씩, 참기름 1작은술
오리엔탈 드레싱 간장 · 올리브유 · 설탕 2큰술씩, 식초 · 맛술 · 다진 마늘 1큰술씩
타르타르소스 마요네즈 2큰술, 다진 양파 · 다진 피클 1/2큰술씩, 머스터드소스 · 꿀 1작은술씩, 레몬즙 1/2작은술, 파슬리 약간

마무리 장식용 식재료

음식을 담을 때는 깔끔해 보이도록 차례대로 줄을
세웁니다. 대부분 세로 줄로 요리를 담고 그 위에 파슬리,
참깨, 검은깨 등을 올리는데, 작은 장식만으로도 훨씬
먹음직스러워 보입니다.

파슬리가루 주반찬 위에 세로로 뿌려야 깔끔하다.
통깨 고추장이나 진한 색의 양념장 위에 올린다.
후리가케 밥 위에 한 줄로 뿌려야 예쁘다.
검은깨 유부초밥이나 밝은 색상의 반찬 위에 장식한다.
고추 씨는 제거해 다지거나 어슷썰어 올린다.
쪽파 빨간색 양념 위에 송송 썰어 올린다.

도시락 싸기 필수 도구

도시락을 싸기 시작하면서 주방에 색다른 도구들도 하나씩 늘고 있습니다.
평소 쓰임을 다한 약병이나 미용가위, 핀셋도 유용한 도구로 재탄생됩니다.

다듬기&만들기	꾸미기

묵칼

묵, 오이, 무 등을 피클모양으로 자를
때 용이하다. 큰 걸을 고르면 채소 칼로
겸용 가능하다.

노른자 분리기

달걀을 노른자와 흰자로
깔끔하게 분리해주는 도구.
세척 후 반드시 건조 후
사용한다.

채소 다지기

볶음밥, 동그랑땡 등
채소를 다질 때 꼭
필요한 도구. 세척 후
건조해 보관한다.

달걀말이팬

정사각형보다는
세로형이 달걀을
말기에 더 편하다.
코팅이 벗겨지지
않도록 관리해야 한다.

미용가위

주로 캐릭터 도시락 준비 중 김을 작게
자를 때 유용하다. 뜨거운 물에 소독해
사용한다.

약병

도시락을 다양한
소스로 장식할
때 필요하다.
물로 헹궈 말린
뒤 사용한다.

핀셋

김이나 통깨로
모양낼 때
사용한다. 10cm
길이가 사용하기
편리하다.

모양틀

밥, 치즈, 달걀프라이를
모양틀로 찍어 데커레이션한다.
뜨거운 요리에는 스테인리스
재질을 선택한다.

유산지

컵 모양, 타원형 모양
등 도시락 크기에
맞춰 준비한다. 통에
담아 먼지가 들어가지
않도록 신경쓴다.

소스통

지름 4~5cm 크기가
도시락에 넣기 좋다. 씻어
건조 후 사용한다.

5 실전! 3단 도시락 싸기

이제 3단 도시락 싸기를 시작합니다. 1단은 다양한 밥을, 2단은 당일 아침에
요리한 주반찬을, 3단은 주말에 만들어둔 밑반찬을 담습니다.

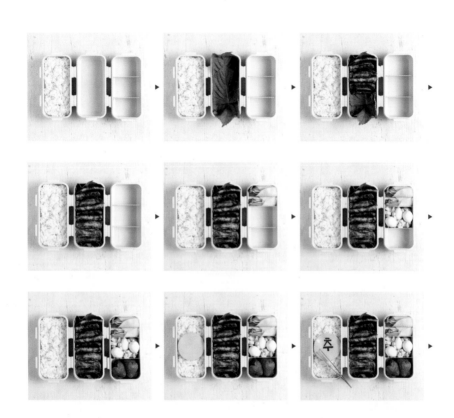

📋 도시락 섹션 분리 도구

상추 주반찬 아래에 깔면
요리가 푸짐해 보인다.
한 그릇 도시락에서 칸을
나눌 때도 사용한다.

깻잎 고기류의 반찬 아래에 깔거나 반찬을 감싸 다른 반찬들과 칸을 나눈다.
브로콜리 남은 공간이 있을 때는 브로콜리 송이를 넣어 내용물을 고정시킨다.
소스통 각종 드레싱 소스를 담을 때 사용한다.
유산지 물기 있는 반찬은 유산지에 넣어 다른 반찬들과 분리한다.

1단 밥 담기

1단은 밥을 담습니다. 꾹꾹 눌러 담으면 밥이 한 덩어리로 뭉치기 쉬우니 젓가락을 이용해 사이사이 공기층을 만들어주세요. 밥은 식단에 따라 컬러를 미리 결정합니다. 클로렐라쌀이나 강황쌀로 컬러밥을 준비해도 좋습니다.

2단 깻잎 깔기 … 주반찬 담기

깻잎을 몇 장 씻어 꼭지를 뗀 뒤 2단 도시락 용기에 겹쳐 깝니다. 이때 양쪽 끝에 깻잎 모양이 나오도록 방향을 잡아야 보기 좋습니다. 주반찬으로 준비한 고기는 도시락 용기의 가로 폭에 맞춰 잘라서 줄줄이 세워 담습니다.

3단 밑반찬 1 … 밑반찬 2 … 디저트 담기

밑반찬 2가지를 하나씩 담습니다. 먼저 말이는 가로로 눕혀 겹겹이 담거나 밑동을 잘라 도시락에 세워 넣고 남은 칸에 샐러드를 넣습니다. 마무리로 딸기 꼭지를 V자로 제거해 반 갈라 모양낸 하트 딸기를 담습니다.

꾸미기 밥에 글자로 힘주기

생일 도시락 컨셉트로 치즈를 동그랗게 올리고 그 위에 김을 오려 '축' 자를 만들었습니다. 밥 위에 장식할 때는 1단, 2단, 3단 도시락 담기를 끝낸 뒤에 시작해야 밥의 열기가 식어 장식의 모양이 흐트러지지 않습니다.

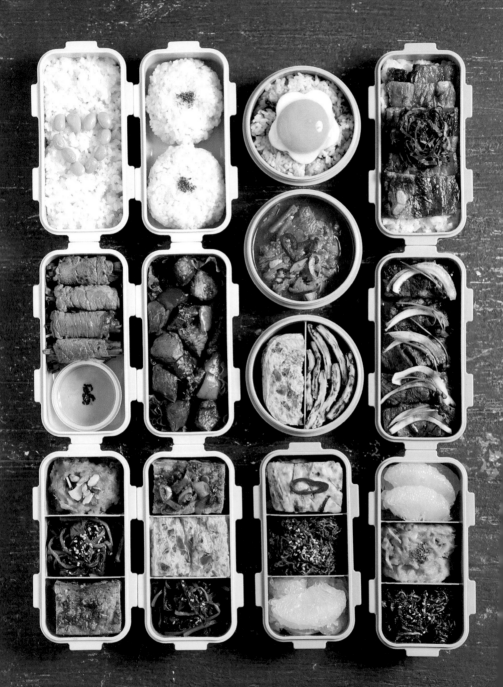

1+WEEK

단백질 도시락

by 소고기·돼지고기

온도차가 큰 환절기나 컨디션이 처지는 시기에는 단백질
도시락을 준비합니다. 소고기와 돼지고기로 만드는 고단백 주간.
5가지 주반찬과 6가지 밑반찬으로 준비하는 일주일 단백질
도시락을 소개합니다.

월요일	풋콩하트밥+소고기부추말이+고구마샐러드+시금치나물+두부지짐
화요일	주먹밥+찹스테이크+두부지짐+달걀찜+시금치나물
수요일	꽃달걀프라이밥+삼겹살김치찌개+달걀찜+부추전
목요일	차슈덮밥+부추전+고추장멸치볶음+메로골드자몽
금요일	소고기초밥+고추장멸치볶음+고구마샐러드+메로골드자몽

장보기

일주일 단백질 식단의 주반찬과 밑반찬 메뉴를 결정하고 장보기 리스트를 작성합니다.
재료를 구입할 때는 컬러도 잊지 않아요. 이번주 장보기의 핵심 재료는 불고기감,
삼겹살, 등심, 채끝살입니다.

Shopping List

핵심 재료 돼지고기 삼겹살 180g, 소고기 불고기용 · 소고기 등심 · 소고기 채끝살 150g씩
채소&과일 부추 3줌, 시금치 1/2단, 고구마 · 청양고추 2개씩, 양파 · 빨간색 파프리카 · 노란색
파프리카 · 메로골드자몽 1개씩, 대파 20cm, 깻잎 2장, 마늘 3쪽
기타 두부 1/2모(150g), 달걀 5개, 통조림 옥수수 1캔(200g), 신김치 90g, 잔멸치 50g, 다시마
5×5cm 3장, 디포리 1마리, 견과류 약간, 쌀뜨물 1컵, 김치국물 1/2컵, 냉장 버터 1작은술, 부침
가루 · 튀김가루 · 우유 적당량씩
소스 고추냉이 · 데리야키소스 · 마요네즈 · 매실청 · 연겨자 · 카레가루

다듬기

고추장멸치볶음

달걀찜

두부지짐

시금치나물

소고기부추말이

찹스테이크

고구마샐러드

부추전

차슈덮밥

삼겹살김치찌개

소고기초밥

장보기를 마치면 다듬기를 시작합니다. 밑반찬 6가지는 바로 만들 수 있도록 준비를 마치고,
당일 아침에 요리하는 주반찬 5가지는 전날 저녁에 다듬기를 합니다. 반찬별로 다듬은 재료를
용기에 담아두면, 조리할 때 편리하게 요리할 수 있어요.

How to List

〔밑반찬 재료 다듬기〕
1 멸치는 먼지를 털고 두부는 수분기를 제거한
다. 2 달걀찜용 다시마 육수를 끓인다. 3 시금치
는 끓는 물에 굵은소금을 넣고 10초간 데친다.
4 고구마는 다시마를 넣은 물에 삶는다. 5 부추
는 씻어 3cm 크기로 썬다.

〔주반찬 재료 다듬기〕
1 불고기용과 채끝살은 길이를 맞춰 썬다. 2 삼
겹살은 한입크기로 썰고 등심은 깍둑 썬다.
3 찹스테이크용 채소는 깍둑썰고 말이용 부추
는 6cm 길이로 썬다.

21

단백질 도시락 밑반찬 만들기 _{2일분}

단백질 주간에는 밑반찬도 영양에 더욱 신경써요. 오늘 만들 밑반찬은
달걀찜, 시금치나물, 고추장멸치볶음, 두부지짐, 부추전, 고구마샐러드예요.
주반찬인 육류의 흡수를 돕는 재료를 많이 넣었습니다.

시금치나물

고추장멸치볶음

부추전

두부지짐

고구마샐러드

달걀찜

고구마샐러드

고구마(中) 2개, 통조림 옥수수 1/3컵(50g), 다시마
5x5cm 2장, 견과류 · 마요네즈 1큰술씩, 올리고당
1/2큰술

1. 냄비에 고구마와 다시마를 넣고 고구마가
2/3가량 잠기도록 물을 붓는다.
2. 센 불에서 삶다가 김이 나면 중간 불로 낮춰
20분간 삶는다.
3. 삶은 고구마는 건져 껍질을 벗긴 뒤 숟가락으로
곱게 으깬다.
4. 통조림 옥수수는 체에 걸러 물기를 제거한다.
5. ❸에 물기를 제거한 통조림 옥수수와 견과류,
마요네즈, 올리고당을 넣고 섞는다.

COOKING TIP

고구마를 삶을 때 다시마를 넣으면 다시마의 알긴산
성분이 끓는점을 높여줘 고구마 삶는 시간을
줄여줍니다.

두부지짐

두부 1/2모(150g), 양파 1/6개, 대파 5cm,
식용유 2큰술, 소금 한 꼬집, 물 1/4컵
양념 진간장 2큰술, 고춧가루 · 물엿 1큰술씩,
다진 마늘 · 참기름 1작은술씩, 설탕 1/2작은술,
통깨 약간

1. 두부는 1cm 두께로 잘라 키친타월 올린 뒤 소금
한 꼬집을 뿌리고 10분 뒤 물기를 제거한다.
2. 양파는 0.5cm 폭으로 채썰고 대파는 어슷썬다.
3. 달군 팬에 식용유를 두르고 중약 불에서 두부를
앞뒤로 노릇하게 굽고 기름기를 제거한다.
4. ❸에 분량의 양념 재료를 섞어 넣는다.
5. 물 1/4컵을 붓고 구운 두부와 채썬 양파, 대파를
넣어 국물이 자작해질 때까지 졸인다.

COOKING TIP

양념장만 만들어 노릇하게 구운 두부 위에 올려
먹어도 좋아요.

시금치나물

시금치 1/2단, 굵은소금 · 참기름 1/2큰술씩,
다진 마늘 1작은술, 국간장 1/2작은술, 소금 약간

1. 시금치는 끓는 물에 굵은소금을 풀어 10초간
살짝 데친다.
2. 데친 시금치는 찬물에 담가 열기를 식힌 뒤
물기를 꼭 짜준다.
3. 볼에 ❷와 다진 마늘, 국간장, 참기름, 깨소금을
넣고 조물조물 무쳐낸다.

COOKING TIP

간이 싱겁게 느껴지면 기호에 따라 국간장과 소금을
추가하세요.

달걀찜

달걀 4개, 빨간색 파프리카 1/6개, 소금 2/3작은술
다시마 육수 다시마 5x5cm 1장, 디포리 1마리, 물 1컵

1. 냄비에 물을 붓고 다시마, 디포리를 넣어
10분간 우렸다가 불에 올린다. 끓기 시작하면
중간 불에서 1분간 더 끓인 후 불을 끄고
다시마를 건지고 15분 뒤 디포리를 건진다.
2. 달걀은 풀어 체에 2번 걸러 알끈을 제거하고
파프리카는 사방 0.5cm 크기로 잘게 썬다.
3. 달걀물에 ❶의 다시마 육수와 잘게 썬
파프리카와 소금을 넣고 섞는다.
4. 전자레인지 전용 그릇에 ❸을 담고 랩을 씌운
뒤 구멍을 내어 6분간 돌린다.

COOKING TIP

달걀찜은 젓가락으로 찔렀을 때 내용물이
묻어나오지 않으면 다 익은 거예요.

부추전

부추 2줌(100g), 양파 1/6개, 청양고추 1개,
식용유 적당량
반죽 달걀 1개, 부침가루 7큰술, 튀김가루 3큰술,
찬물 1/2컵

1. 부추는 다듬어 살살 씻어 3cm 길이로 자르고,
양파는 가늘게 채썬다. 청양고추는 잘게 다진다.
2. 볼에 부침가루, 튀김가루, 찬물을 넣고 달걀을
풀어 섞은 후 ❶의 채소를 모두 넣어 숨이 죽지
않게 살살 섞는다.
3. 달군 팬에 식용유를 두르고 ❷의 반죽을 얇게
고루 펼쳐 중간 불에서 부친다.
4. 윗면의 하얀 반죽이 사라지고 아래쪽이
노릇해지면 뒤집어 부친다.

COOKING TIP

양념장을 곁들이고 싶다면 잘게 다진 청양고추
1/2개에 간장 2큰술, 식초 1/2큰술, 설탕 · 고춧가루
1작은술씩, 통깨 약간을 넣고 섞으세요.

고추장멸치볶음

잔멸치 1컵(50g), 통깨 · 올리고당 · 식용유 1큰술씩
고추장 양념 맛술 2큰술, 고추장 · 물엿 1큰술씩,
설탕 1/2큰술

1. 먼지를 턴 잔멸치를 팬에 넣고 기름을 두르지
않은 팬에서 중간 불로 볶는다.
2. 1분 후 볶은 멸치에 식용유를 두르고 중간 불로
노릇하게 볶는다.
3. 팬에 분량의 양념 재료를 섞어 넣고 약한 불로
끓여 고추장 양념을 만든다.
4. 양념이 끓으면 ❷의 볶은 멸치를 넣고 섞는다.
5. 통깨와 올리고당을 더해 완성한다.

COOKING TIP

멸치는 기름을 두르지 않고 먼저 볶아야 멸치에 배인
습기와 비린 맛이 날아가 고소하고 바삭해져요.

단백질 도시락 주반찬 만들기 1일분

주반찬은 도시락 싸기 전날 저녁에, 반조리 상태로
준비해둡니다. 당일 아침에는 곧장 익히기만 하죠.
가열과정을 당일 아침에 거쳐야 더 맛있습니다.
육류요리는 특히 그래요.

소고기부추말이
전날 저녁 밑간한 불고기에
부추를 넣고 돌돌 말아둔다.

차슈덮밥
전날 저녁 조림장을 끓여
놓고, 채소를 준비한다.

소고기초밥
전날 저녁 채 썬
양파는 물에 담가
매운맛을 빼고
배합초도 준비한다.

찹스테이크
전날 저녁
소스 재료를 섞어
숙성시킨다.

삼겹살김치찌개
전날 저녁 김치는 2cm 폭으로 썰고,
고춧가루와 카레가루는 섞어둔다.

요일별 주방찬 5

몸을 깨우는 톡 쏘는 맛

소고기부추말이

소고기 불고기용 150g, 부추 1줌(50g),
냉장 버터 1작은술
고기 밑간 소금 · 후춧가루 약간씩
연겨자 소스 연겨자 · 식초 1큰술씩, 설탕 ·
물 1/2큰술씩, 간장 1작은술

전날 저녁

1. 소고기는 키친타월에 올려 핏물을 제거한 뒤 10cm 길이로 잘라 소금과 후춧가루로 밑간한다.

2. 부추는 깨끗이 씻어 6cm 길이로 자른다.

3. 밑간한 불고기를 펼치고 ❷의 부추를 올려 지름이 100원짜리 동전크기가 되도록 돌돌 만다.

4. 달군 팬에 버터를 올려 녹이고 ❸을 올려 중약 불로 고루 굽는다.

5. 분량의 재료를 모두 섞어 소스를 만들어 함께 곁들인다.

COOKING TIP

땅콩소스와도 잘 어울려

소고기부추말이는 땅콩소스와도 궁합이 좋아요. 땅콩버터 2큰술, 마요네즈 · 레몬즙 1큰술씩, 꿀 · 허니머스터드소스 1/2큰술씩을 섞으면 맛있는 땅콩소스가 완성됩니다.

입에 착착 감기는 그 맛

찹스테이크

소고기 등심 150g, 양파 · 빨간색
파프리카 · 노란색 파프리카 1/6개씩,
냉장 버터 1큰술
고기 밑간 올리브유 1큰술, 소금 ·
후춧가루 약간씩
소스 스테이크 소스 2큰술, 굴소스
1큰술, 케첩 · 올리고당 · 핫소스
1/2큰술씩

전날저녁

1. 등심은 2×2cm 크기로 깍둑썰어 올리브유와 소금, 후춧가루로
20분 이상 밑간한다.
2. 양파와 파프리카도 등심과 같은 크기로 깍둑썰기한다.
3. 분량의 재료를 모두 섞어 소스를 만든다.
4. 달군 팬에 버터를 녹여 깍둑썬 양파와 파프리카를 넣고
중간 불에서 양파가 투명해질 때까지 볶는다.
5. ❹에 밑간한 고기를 넣어 센 불에서 굽는다.
6. 고기의 겉면이 노릇해지면 준비한 소스를 넣고 중약 불에서 1분간
볶아낸다.

COOKING TIP

고기는 센 불에서 빠르게 구워야

고기를 구울 때는 센 불에서
빠르게 구워야 겉면이 익으면서
육즙이 빠지지 않아요. 너무
오래 구우면 육질이 질겨지므로
주의하세요.

김치와 삼겹살의 환상궁합

삼겹살김치찌개

돼지고기 삼겹살 30g, 신김치 90g, 양파 1/6개,
청양고추 1/2개, 대파 5cm,
국물 양념 쌀뜨물 1컵, 김치국물 1/2컵,
고춧가루 1큰술, 다진 마늘·국간장 1작은술씩,
카레가루 1/2작은술, 새우젓 약간

전날저녁

1. 양파는 0.5cm 폭으로 채썰고, 청양고추와 대파를 어슷썬다.
2. 삼겹살은 한입크기로 자르고 김치는 2cm 폭으로 썬다.
3. 냄비에 삼겹살을 넣고 볶다가 썰은 김치와 김치국물, 다진 마늘을
   넣고 볶는다.
4. 보글보글 끓으면 쌀뜨물을 붓고 고춧가루와 카레가루를 섞어
   넣고 끓인다.
5. 돼지고기가 어느 정도 익으면 준비한 양파와 대파, 청양고추,
   국간장을 넣고 약한 불에서 김치가 푹 익을 때까지 익힌다.
6. 마지막에 새우젓으로 간을 맞춘다.

COOKING TIP

김치 맛은 식초와 설탕으로 조절

김치가 덜 익었거나 너무
익었을 때는 조미료로 맛을
조절해주세요. 덜 익은 김치는
식초를 조금 넣어 신맛을 더하고,
너무 익은 김치는 설탕을 넣어
밸런스를 맞춰요.

삼겹살의 짭조름한 반전 매력

차슈덮밥

밥 1공기(200g), 돼지고기
삼겹살 150g, 양파 1/4개,
깻잎 2장, 대파 10cm, 마늘 3쪽,
소금 · 후춧가루 조금씩
조림장 진간장 3큰술, 쯔유 2큰술,
맛술 · 올리고당 · 설탕 1큰술씩,
물 1/2컵

전달저녁

1. 달군 팬에 삼겹살을 넣고 소금과 후춧가루를 뿌려가며 앞뒤로
   노릇하게 굽는다.
2. 양파와 대파는 적당한 크기로 자른다.
3. 분량의 재료를 모두 섞어 조림장을 만든다.
4. 팬에 조림장을 넣고 약한 불에서 끓어오르면 ❶의 구운 삼겹살과
   통마늘, 준비한 양파와 대파를 넣고 채소가 익을 때까지 약한 불에서
   졸인다.
5. 졸인 삼겹살은 꺼내 4cm 크기로 자르고 깻잎은 얇게 채썬다.
6. 그릇에 밥을 담고 ❹의 끓이고 남은 조림장 2큰술과 ❺의 삼겹살,
   채썬 깻잎을 올려 함께 먹는다.

COOKING TIP

통삼겹으로 차슈 만들기

삼겹살을 통째로 조리할 때는
냄비에 통삼겹과 적당량의
양파와 대파, 그리고 간장 6큰술,
물엿 4큰술, 맛술 2큰술, 물
2컵을 넣고 삶아 졸이세요.

일식집 말고 도시락~

소고기초밥

따뜻한 밥 1공기(200g), 소고기 채끝살 150g,
양파 1/6개, 무순 조금, 데리야키소스 3큰술,
고추냉이 1큰술
고기 밑간 소금 · 후춧가루 약간씩
배합초 식초 1큰술, 설탕 1/2큰술, 소금 1작은술

전날저녁

1. 채끝살은 손가락 두 개 굵기로 잘라 소금과 후춧가루로 밑간하고,
양파는 얇게 채 썰어 10분간 찬물에 담가 매운맛을 제거한다.

2. 배합초 재료를 섞어 전자레인지에 30초간 돌리고 식힌다.

3. 따뜻한 밥에 배합초를 섞는다.

4. 달군 팬에 채끝살을 올려 중간 불에서 익힌다.

5. 손에 물을 살짝 묻혀 ❸의 밥을 구운 고기보다 작게 뭉친 뒤
고추냉이와 구운 고기를 올린다.

6. 솔을 이용해 고기 위에 데리야키소스를 바르고 채썬 양파와
무순으로 데커레이션한다.

COOKING TIP

묵은지를 곁들여도 새로운 맛

양파와 무순 대신 묵은지를
이용해도 좋아요. 묵은지를
씻은 후 세로로 길게 잘라
소고기초밥에 감싸 먹으면 그
맛이 일품이에요.

월요일
Monday

풋콩하트밥 ○○○

소고기부추말이
with 연겨자소스
○○○

고구마샐러드 ○○
시금치나물 ○
두부지짐 ○

바쁜 월요일~
영양 가득한 고기말이를 한입에 쏘옥!

오늘의 도시락

1단 풋콩하트밥
2단 소고기부추말이 with 연겨자소스
3단 고구마샐러드+시금치나물+두부지짐

월요일은 누구에게나 버거운 하루지요. 지난 주말의
후유증과 새로운 시작의 긴장감이 온몸을 누릅니다.
이때 필요한 건 역시 힘, 힘, 힘! 흰 쌀밥에 싱그러운
초록의 풋콩으로 하트를 팍팍 새기고, 단백질과 비타민
덩어리인 소고기부추말이를 준비했습니다. 소고기와
부추는 둘 다 열을 내는 성질의 음식으로 몸의 활기를
불어넣어주죠.
톡 쏘는 겨자소스에 찍어 먹어도 좋고, 고소한
땅콩소스에 찍어 먹어도 맛있어 집들이 메뉴로도
인기가 좋아요. 밑반찬은 언제 먹어도 부담스럽지
않은 시금치나물과 두부지짐을 넣고 입가심용으로
고구마샐러드를 담았어요.

TIP **1단 도시락 싸기**
소고기부추말이를 가로세로로 넣어
포인트를 줍니다.

화요일
Tuesday

주먹밥 ○

찹스테이크 ○○○

두부지짐 ○
달걀찜 ○○
시금치나물 ○

주먹밥으로 기분 전환
찹스테이크로 입맛 전환

오늘의 도시락

1단 주먹밥
2단 찹스테이크
3단 두부지짐+달걀찜+시금치나물

찹스테이크는 도시락 반찬으로 자주 만드는 메뉴예요.
달짝지근한 소스가 밥과 잘 어울리지요. 찹스테이크에
파프리카나 양파 등의 채소를 큼직하게 썰어 넣으면
소고기의 단백질은 물론 몸에 좋은 비타민까지 한
번에 섭취할 수 있답니다. 단백질은 면역력 향상에도
도움이 되니 입맛을 잃기 쉬운 환절기에 신경써서
챙겨 드시기를 권해요. 오늘은 밥을 둥글게 주먹밥으로
모양을 잡아 넣었어요. 밥 모양만 다를 뿐인데, 마치
야외 피크닉용 도시락처럼 기분이 들뜨네요. 빨강과
노랑, 초록으로 빛나는 밑반찬 3총사 두부지짐-달걀찜-
시금치나물의 컬러 매칭도 상큼합니다.

TIP 1단 도시락 싸기
상추는 좋은 칸막이용 아이템입니다.
찹스테이크를 감싸 넣으면 다른 반찬과
섞일 염려가 없어요.

수요일
Wednesday

꽃달걀프라이밥 ○

삼겹살김치찌개 ○

달걀찜 ○○
부추전 ○○

일주일의 반환점
얼큰한 찌개로 영양 보충할 때

오늘의 도시락

1단 꽃달걀프라이밥
2단 삼겹살김치찌개
3단 달걀찜+부추전

도시락에 웬 찌개냐고요? 도시락 메뉴라고 해서 금지
메뉴를 정해놓지 않아요. 후루룩 면요리든, 칼칼한
국물요리든 일단 먹고 싶은 메뉴가 있으면 도전하죠.
국물이 샐 걱정이 없는 용기로 도시락을 바꿔서 준비하면
되니까요. 특히 삼겹살을 넣고 끓인 김치찌개는 다른
반찬이 필요 없는 일품요리랍니다. 비오는 날이나 기온이
뚝 떨어진 날, 신김치에 삼겹살을 넣고 푹 끓여내면
그야말로 보약과 같죠. 한 주의 중반, 영양보충이 필요한
수요일 메뉴로 추천합니다. 고소한 부추전과 부드러운
달걀찜과 함께 먹으면 매운맛도 순해져요. 밥 위에 살짝
올린 꽃달걀프라이를 보고 마음도 활짝 웃기를 바래요.

TIP **1단 도시락 싸기**
분리형 칸막이가 확실한 도시락은
독립적으로 반찬을 즐기기 좋습니다.

목요일

Thursday

차슈덮밥 ○○○

부추전 ○○
고추장멸치볶음 ○
메로골드자몽 ○

조림장만 있다면
차슈도 30분 안에 오케이

오늘의 도시락

1단 차슈덮밥
2단 부추전+고추장멸치볶음+메로골드자몽

일주일에 두 번씩은 삼겹살을 먹어요. 하루는 뜨거운 불판에 구워, 하루는 찌개나 조림장을 곁들여 즐기죠. 통삼겹을 푹 삶아 조림장에 졸였다가 바비큐한 차슈는 우리집 베스트 메뉴예요. 칼슘과 엽산, 비타민이 풍부한 깻잎에 돼지고기까지 더하니 덮밥 한 그릇이 영양 만점이에요. 바쁜 아침 시간에는 통삼겹 대신 적당한 크기로 자른 삼겹살을 사용해 조리시간을 줄입니다. 깻잎을 잘게 썰어 올리면 차슈의 느끼함도 잡아주죠. 고추장멸치볶음과 부추전을 곁들여 담백한 맛을 더했어요.

TIP 1단 도시락 싸기
밥을 사선으로 담아 차슈를 올린 뒤 남은 공간에 밑반찬을 담았어요. 디저트용 과일은 유산지에 쏙 넣어요.

금요일
Friday

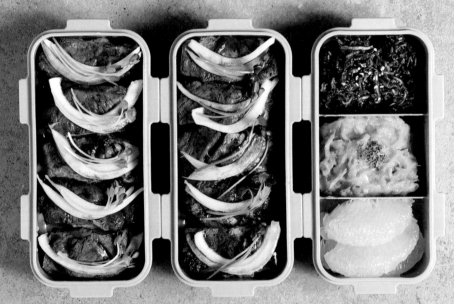

소고기초밥 ○●○

고추장멸치볶음 ○
고구마샐러드
메로골드자몽 ○

일하며 즐기는
럭셔리 초밥 타임

오늘의 도시락　　**1단+2단**　소고기초밥
　　　　　　　　　　　3단　고추장멸치볶음+고구마샐러드+메로골드자몽

날것을 즐기지 않는 사람도 거부감 없이 먹기 좋은
초밥이에요. 살짝 구운 소고기 채끝살과 고추냉이의
조화가 생각보다 좋지요. 그 맛에 빠져 평소에도
소고기를 구우면 고추냉이를 푼 간장소스에 찍어
먹는답니다. 소고기초밥은 만들기도 쉽고 조리시간도
짧아 도시락은 물론 손님 초대상 메뉴로도 좋아요.
평소에는 양파와 무순을 이용해 장식하는데,
특별한 날 가니쉬 재료만 바꿔주면 마치 새로운
요리처럼 보인답니다. 도시락에는 고추장멸치볶음과
고구마샐러드, 디저트용 과일을 함께 넣었어요.

TIP　1단 도시락 싸기
초밥을 한 줄로 세우고 상추로 섹션을
나눠 반찬과 과일을 각각 담았어요.

2+WEEK

에너지 도시락

by 닭고기

여름의 시작을 알리는 초복, 여름의 반환점인 중복,
그리고 여름의 끝자락 말복까지…. 닭고기는 기운 딸리는 여름철
보양식으로 빠지지 않죠. 어디 여름뿐이겠어요? 일년 내내
다이어트 식품으로도 최고 인기입니다. 닭고기로
에너지 도시락 식단을 차려봅니다.

월요일	밥+닭날개조림+청경채무침+단호박샐러드+무피클
화요일	닭가슴살소시지김밥 with 실곤약초무침+청경채무침+무생채+오렌지
수요일	달걀프라이밥+순살양념치킨+감자볶음+오렌지+새우마늘볶음
목요일	하트밥+치킨스튜+단호박샐러드+감자볶음
금요일	병아리콩밥+닭다리살양념구이+무피클+새우마늘볶음+무생채

장보기

이번주 핵심 재료는 닭고기예요. 가격도 저렴하고 부위별로 구입할 수 있어
장보기도 수월하고 활용도도 높지요. 닭날개, 닭다리살, 닭안심뿐 아니라
소시지 등 가공식품도 활용해보세요.

Shopping List

핵심 재료 뼈 없는 닭다리살 350g, 닭날개 140g, 닭안심 70g, 닭가슴살소시지 2개, 달걀 3개
채소&과일 청경채 200g, 단호박 1통, 감자 2개, 토마토 · 무 · 당근 · 오이 · 양파 · 빨간색 파프리카 · 노란색 파프리카 · 청피망 · 오렌지 1개씩, 마늘 15쪽
기타 칵테일새우(小) 40g, 실곤약 60g, 김밥용 김 1장, 견과류 · 카레가루 · 전분가루 · 튀김가루 적당량씩
소스 굴소스 · 꿀 · 마요네즈 · 매실청 · 치킨스톡 · 크러시드 레드페퍼 · 토마토소스 · 페퍼론치노 · 플레인요구르트 · 피클링스파이스

다듬기

닭다리살
양념구이

닭가슴살
소시지김밥

순살양념치킨

치킨스튜

단호박샐러드

청경채무침

감자볶음

닭날개조림

무생채   무피클

새우마늘볶음

다양한 부위의 닭고기는 밑간하고, 채소는 알맞은 크기와 모양으로
썰어둡니다. 소시지나 햄 등의 가공식품을 이용할 때는 반드시 끓는 물에 한 번
데쳤다가 사용하세요. 칼로리도 맛도 한결 가벼워져요.

How to List

〔밑반찬 재료 다듬기〕
1 단호박은 전자레인지에 돌리고 청경채는 데
친다. 2 파프리카와 피망, 감자 모두 0.5cm 폭
으로 채썬다. 3 생채용 무는 채칼로 채썰고, 피
클용 무는 묵칼로 1.5cm 폭으로 썬다. 4 냉동
새우는 물에 담가 해동하고 마늘은 편썬다.

〔주반찬 재료 다듬기〕
1 닭날개, 닭다리살, 닭안심은 우유와 통후추에
담갔다가 물로 씻고 키친타월에 올린다. 2 잡
내를 제거한 닭고기는 밑간한다. 3 소시지는
끓는 물에 3분간 데치고 스튜용 채소는 사방
1.5cm 크기로 깍둑썬다.

에너지 도시락 밑반찬 만들기 2일분

에너지 주간의 밑반찬은 다양한 채소요리입니다. 청경채와 무, 마늘,
감자, 단호박을 재료로 무침과 볶음, 샐러드를 만들었어요. 아삭한
식감의 채소반찬이 닭고기와 잘 어울려요.

무생채

새우마늘볶음

단호박샐러드

감자볶음

무피클

청경채무침

컬러 밑반찬 6

청경채무침

청경채 200g. 된장 · 다진 마늘 · 굵은소금
1/2큰술씩, 참기름 1작은술

1. 청경채는 밑동은 자르고 흐르는 물에 씻는다.
2. 끓는 물에 굵은소금을 풀고 청경채 줄기
부분부터 차례대로 넣어 30초간 데친다.
3. 데친 청경채는 찬물에 담가 식힌 뒤 손으로 꼭
짜 체에 밭쳐 물기를 뺀다.
4. ❸에 된장, 다진 마늘, 참기름을 더해 조물조물
무친다.

COOKING TIP

청경채는 양념에 버무리면 물기가 잘 생기므로 당일
아침에 데쳐 무쳐 먹기를 권해요.

COOKING TIP

소금에 절인 무를 무치면 수분과 단맛이 같이 빠져
맛이 덜하답니다. 소금은 간 맞출 때만 넣어요.

무생채

무 1/6개(200g), 고춧가루 1큰술, 액젓 · 설탕 · 식초
1/2큰술씩, 다진 마늘 1작은술, 통깨 약간, 소금
한 꼬집

1. 무는 씻어 채칼로 가늘게 채썬다.
2. 채썬 무에 고춧가루를 넣고 버무린다.
3. ❷에 액젓과 설탕, 식초, 다진 마늘을 넣고
버무린다.
4. 부족한 간은 소금으로 하고 마지막에 통깨를
뿌린다.

새우마늘볶음

냉동 칵테일새우(小) 40g, 마늘 15쪽,
식용유 · 굴소스 1큰술씩, 올리고당 1/2큰술,
굵은소금 약간

1. 냉동 칵테일새우는 굵은소금을 푼 소금물에
담가 표면의 얼음이 녹을 때까지 해동해 흐르는
물에 씻는다.
2. 마늘은 1쪽당 2~3개로 나뉘도록 편썬다.
3. 달군 팬에 식용유를 두르고 중간 불에 편썬
마늘을 넣어 볶는다.
4. 마늘이 살짝 노릇해지면 해동한 새우를 넣고
볶는다.
5. 새우가 얼추 익으면 굴소스와 올리고당을 더해
볶아낸다.

COOKING TIP

새우와 마늘은 영양적으로도 궁합이 좋아요. 마늘
대신 마늘종을 넣고 볶아도 잘 어울려요.

감자볶음

감자 1개, 빨간색 파프리카 · 노란색 파프리카 ·
청피망 1/6개씩, 식용유 1큰술, 카레가루 1작은술,
굵은소금 · 소금 약간씩

1. 감자는 껍질을 벗겨 채칼로 가늘게 채썰고
파프리카와 피망도 같은 두께로 채썬다.
2. 끓는 물에 약간의 굵은소금을 풀어 채썬 감자를
넣고 삶는다.
3. 삶은 감자채는 체에 밭쳐 물기를 제거한다.
4. 달군 팬에 식용유를 둘러 채썬 파프리카와
피망을 한데 넣고 볶는다.
5. 파프리카와 피망이 한숨 죽으면 ❸의 삶은
감자채와 카레가루, 소금을 넣고 볶아낸다.

COOKING TIP

감자는 한 번 삶아 볶아야 모양이 망가지지 않고
속까지 맛있게 익어요.

단호박샐러드

단호박 1통, 플레인요구르트 2큰술, 꿀 1큰술,
견과류 약간

1. 단호박은 씻어 꼭지가 바닥을 향하도록
전자레인지에 넣어 3분간 돌린다.
2. 단호박을 반 갈라 숟가락으로 긁어 씨를 바르고
껍질을 벗긴 뒤 3cm 크기로 자른다.
3. ❷의 단호박을 전자레인지용 용기에 담아 랩을
씌운 뒤 구멍을 뚫어 전자레인지에 5분간 돌린다.
4. 다른 볼에 ❸의 단호박을 넣고 포크나
숟가락으로 적당히 으깬다.
5. 으깬 단호박에 플레인요구르트와 꿀, 견과류를
넣고 섞는다.

COOKING TIP

단호박은 같은 사이즈라면 무게가 더 무거운 것을
선택하는 게 좋아요.

무피클

무 1/6개(200g)
배합초 물 1컵, 설탕 · 식초 1/2컵씩,
피클링스파이스 1큰술

1. 냄비에 물을 절반 가량 채우고 유리병을
뒤집어 넣고 끓여 열탕소독 후 건조시킨다.
2. 무는 껍질을 벗겨 1.5cm 간격으로 묵칼을
이용해 썬다.
3. 분량의 배합초 재료를 냄비에 넣고
센 불에서 끓인다.
4. 소독한 유리병에 ❷의 무를 넣고 끓인
배합초를 부어 뚜껑을 닫는다.
5. 하루 동안 실온보관 후 냉장보관해 먹는다.

COOKING TIP

냉장보관 3일 뒤 배합초만 다시 따라 끓였다가 식혀
넣으면 더 오래 먹을 수 있어요.

에너지 도시락 주반찬 만들기

1일분

닭고기하면 떠오르는 게 프라이드 치킨입니다. 하지만 칼로리 때문에
밤에 먹기 부담스럽죠. 이제 도시락으로 즐겨보세요. 튀김부터 조림,
구이까지… 즐겨 먹는 닭고기 요리 중에서 5가지를 엄선했어요.

치킨소튜
전날 저녁 토마토는 데쳐
껍질을 벗겨 썰고, 감자와
양파, 당근은 깍둑썬다.

순살양념치킨
전날 저녁 닭다리살은
밀간해 한입크기로 자르고
튀김옷을 준비한다.

닭날개조림
전날 저녁 분량의 재료를
섞어 양념장을 만든다.

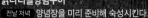

닭다리살양념구이
전날 저녁 양념장을 미리 준비해 숙성시킨다.

닭가슴살소시지김밥 with 실곤약초무침
전날 저녁 김 크기에 맞춰 약한 불에서 달걀지단을 부친다.

요일별 주반찬 5

자꾸 손이 가는 밥도둑 메뉴

닭날개조림

닭날개 140g, 전분가루 2큰술, 튀김가루 1큰술,
통후추 2작은술, 페퍼론치노 · 크러시드 레드페퍼
약간씩, 우유 2컵, 식용유 1/2컵
고기 밑간 청주 1/2큰술, 소금 · 후춧가루 약간씩
조림장 간장 2큰술, 물엿 · 올리고당 1큰술씩,
식초 · 물 · 다진 마늘 1/2큰술씩

전날 저녁

1. 닭날개는 우유, 통후추에 30분간 담갔다가 물로 씻고 키친타월로
   물기를 제거한다.
2. ❶의 닭날개는 청주, 소금, 후춧가루로 30분 이상 밑간한다.
3. 분량의 재료를 한데 섞어 조림장을 만든다.
4. 위생봉지에 ❷의 닭날개와 전분가루, 튀김가루를 함께 넣고
   흔들어 튀김옷을 입힌다.
5. 팬에 식용유를 붓고 튀김옷 입힌 닭날개를 넣어 중간 불에서
   노릇노릇 튀긴 뒤 체에 밭쳐 기름기를 제거한다.
6. 다른 팬을 달구어 ❸의 조림장과 튀긴 닭날개, 페퍼론치노,
   크러시드 레드페퍼를 넣고 섞어가며 졸인다.

COOKING TIP

냉동 닭날개는 해동 후 사용

냉동실에 있던 닭날개는 전날
냉장실로 옮겨 해동한 뒤 물에
씻어 사용하세요. 이후 밑간을
해야 잡내를 줄일 수 있답니다.

담백고소 vs 새콤매콤

닭가슴살소시지김밥
with 실곤약초무침

밥 1공기(200g), 닭가슴살소시지 2개(120g),
달걀 2개, 김밥용 김 1장, 식용유 약간
밥 양념 참기름 1작은술, 소금 약간
실곤약초무침 실곤약 60g, 당근 · 양파 · 오이 1/6개씩,
고추장 · 식초 · 설탕 1큰술씩, 통깨 약간, 식초
1큰술(실곤약 데침용)

전날저녁 1. 닭가슴살소시지는 끓는 물에 3분간 데쳐 기름기를 제거한다.

2. 달걀은 풀어 달걀물을 만든 후 달군 팬에 식용유를 둘러 달걀물을
붓고 약한 불에서 김밥용 김의 1/2크기로 부친다.

3. 밥에 참기름과 소금을 넣고 고루 섞는다.

4. 양념한 밥은 김밥용 김의 2/3 지점까지 얇게 편다.

5. 밥 위에 달걀부침, 닭가슴살소시지 순으로 올려 돌돌 말아 1cm
폭으로 썰어낸다.

6. 끓는 물에 식초 1큰술을 풀어 실곤약을 넣어 2분간 데친다. 찬물에
헹궈 물기를 짜고 당근, 양파, 오이를 얇게 채썬다.

7. 볼에 채썬 채소와 남은 무침 재료를 넣고 섞어 버무린다.

COOKING TIP

취향에 맞춰 토핑을 더해요!

매콤한 맛을 좋아한다면 밥
양념에 다진 청양고추를 다져
넣어보세요. 매운맛의 정도는
청양고추의 양으로 조절해요.

프라이드치킨의 영원한 단짝

순살양념치킨

뼈없는 닭다리살 150g, 달걀 1/2개, 찬물 4큰술,
튀김가루 3큰술, 전분가루 2큰술, 카레가루
1/2큰술, 통후추 2작은술, 우유 · 식용유 2컵씩
고기 밑간 청주 1/2큰술, 소금 · 후춧가루 약간씩
치킨 양념 물엿 6큰술, 고추장 · 물 2큰술씩, 다진
마늘 1큰술, 설탕 1/2큰술

전날저녁

1. 닭다리살은 우유, 통후추에 30분간 담갔다가 물로 씻고 물기를
제거해 청주, 소금, 후춧가루로 20분간 밑간한다.

2. 밑간한 닭다리살은 한입크기로 썬다.

3. 볼에 달걀과 찬물, 튀김가루, 전분가루, 카레가루를 섞은 뒤 ❷의
닭다리살을 넣어 버무린다.

4. 팬에 식용유를 붓고 달구어 반죽을 조금 떨어트려 떠오르면
튀김옷을 입힌 닭다리살을 넣고 튀겨 식혔다가 한 번 더 튀긴다.

5. 다른 팬에 분량의 재료를 넣어 치킨 양념을 끓인 뒤 튀긴
닭다리살을 넣고 버무린다.

COOKING TIP

순한맛을 원하면 간장양념 소스

매콤한 양념 대신 순한맛으로
즐기고 싶다면 물엿 6큰술에 간장
5큰술, 다진 마늘 · 물 1큰술씩을
섞어 소스를 만드세요. 한 번 끓인
뒤 튀긴 닭다리살과 버무려요.

서양식 닭볶음탕

치킨스튜

닭안심 70g, 토마토 1개, 감자 1/4개,
양파 · 당근 1/6개씩, 페퍼론치노 3개,
치킨스톡 1/6큐브, 올리브유 1큰술, 우유 ·
파마산치즈 1/2큰술씩, 다진 마늘 1작은술,
토마토소스 2/3컵, 물 1/3컵
고기 밑간 청주 1/2작은술, 소금 · 후춧가루
한 꼬집씩, 우유 1/2컵(잡내 제거용)

전날 저녁

1. 닭안심은 우유에 30분 담갔다가 물로 씻어 물기를 제거한 뒤 청주,
소금, 후춧가루를 뿌려 최소 30분간 밑간한다.

2. 감자와 양파, 당근은 사방 1.5cm 크기로 깍둑썬다.

3. 토마토는 위쪽에 십자모양으로 칼집을 내고 끓는 물에 20초간 데친
뒤 껍질을 벗겨 8등분 한다.

4. 달군 냄비에 올리브유를 둘러 약한 불에서 페퍼론치노, 다진 마늘을
넣고 볶다가 ❶의 닭안심을 넣어 굽는다. 닭안심의 겉면이 익으면
한입크기로 자른다.

5. ❷의 채소와 물을 넣고 냄비 뚜껑을 닫아 약한 불에서 끓인다.

6. 채소가 반쯤 익으면 데친 토마토를 넣고 숟가락으로 으깬다.

7. 치킨스톡과 토마토소스, 우유 1/2큰술을 넣고 눌러붙지 않도록 약한
불에서 10분간 뭉근히 끓여 파마산치즈가루를 섞는다.

COOKING TIP

**치킨스톡은 조리법에 따라
용량도 달라져**

어떤 요리를 하느냐에 따라
치킨스톡의 사용 양도
달라집니다. 베이스 국물에
사용할 때는 물 500㎖ 기준에
큐브 1개가 적당해요.

담백하게 즐기는 매콤 닭구이

닭다리살양념구이

**뼈 없는 닭다리살 200g, 식용유 2큰술,
우유 2컵**
고기 밑간 청주 1/2큰술, 소금 · 통후추 약간씩
양념장 고추장 2큰술, 간장 · 물엿 · 매실청 ·
다진 마늘 1큰술씩, 맛술 1/2큰술

전날 저녁

1. 닭다리살은 우유에 30분 담갔다가 물로 씻어 물기를 제거한 뒤
   청주, 소금, 통후추를 뿌려 최소 30분 밑간한다.
2. 분량의 재료를 섞어 양념장을 준비한다.
3. 달군 팬에 식용유를 두르고 밑간한 닭다리살을 겉면부터 굽는다.
4. 닭다리살이 노릇하게 익으면 키친타월로 팬을 한 번 닦아내고
   요리붓으로 닭다리살에 양념장을 발라 중약 불에서 타지 않도록
   굽는다.

COOKING TIP

전날밤 양념에 버무렸다가 굽기

숙성된 양념맛을 느끼고 싶다면
전날 밤 닭다리살을 양념에
버무렸다가 당일 아침에 구워도
좋아요. 반면 담백하게 즐기고
싶다면 구운 닭다리살에 양념을
발라 200℃ 오븐에서 15분간
구워 드세요.

월요일

Monday

밥 ○ ○

닭날개조림 ○ ○

청경채무침 ○
단호박샐러드 ○
무피클 ○

피로야~ 풀려라!
치킨과 피클의 조화

오늘의 도시락	**1단** 밥
	2단 닭날개조림
	3단 청경채무침+단호박샐러드+무피클

일요일 오전이면 다가오는 한 주의 도시락 메뉴를
쭉 짜봅니다. 그중에서도 평소보다 피로도가 높은
월요일 도시락은 유독 신경이 쓰여요. 오늘의 주반찬은
닭날개조림으로 결정했어요. 짭조름한 간장소스라
맨밥에도 잘 어울리죠. 닭날개조림은 쪽파나 깻잎 등
초록색 채소로 데커레이션해야 예뻐요. 닭날개조림을
한 줄로 쪼르르 줄세우고 송송 썬 쪽파로 장식했죠.
닭요리에 빠질 수 없는 새콤달콤 무피클은 물칼을
이용해 화려한 느낌을 살렸답니다. 부드러운
단호박샐러드와 함께 맛보면 더욱 맛나요.

TIP **1단 도시락 싸기**
오늘의 주인공 닭날개조림을 중앙에 놓고
밥과 반찬을 담았어요.

화요일
Tuesday

닭가슴살소시지김밥
with 실곤약초무침
○ ○ ○ ○ ○

청경채무침 ○
무생채 ○
오렌지 ○

심플한 김밥으로
다이어트도 잡고, 입맛도 잡고

오늘의 도시락

1단 닭가슴살소시지김밥 with 실곤약초무침
2단 청경채무침+무생채+오렌지

요즘 닭가슴살로 만든 다양한 가공식품들이 인기를
모으고 있죠. 큐브, 소시지, 스테이크 등 마트에서도
손쉽게 구할 수 있습니다. 그중 닭가슴살 소시지로
김밥을 만들었어요. 평소 김밥을 좋아하지만 칼로리
걱정에 참고 있다면 닭가슴살소시지김밥을 추천해요.
담백한 닭가슴살을 달걀로 감싸 그 맛이 부드럽답니다.
닭고기는 단백질 함량이 높아 먹다보면 조금
퍽퍽하게 느껴질 수 있어 밑반찬은 식이섬유가 가득한
채소반찬으로 꾸렸어요. 상큼한 오렌지는 후식이에요.

TIP **1단 도시락 싸기**
김밥을 사선으로 올리고 양 끝에 반찬을
담았어요. 양념이 강한 무침은 상추로
감싸 한쪽에 콕 넣어요.

수요일
Wednesday

달걀프라이밥 ○

순살양념치킨 ○○○

감자볶음 ○○○○
오렌지 ○
새우마늘볶음 ○

기력 달리는 몸을 위한
파워 치킨타임

오늘의 도시락

1단 달걀프라이밥
2단 순살양념치킨
3단 감자볶음+오렌지+새우마늘볶음

닭의 모든 부분에서 제일 맛있는 부분을 고르라면
망설임 없이 닭다리살을 선택할 거예요. 한입 베어물면
쫄깃한 육질과 풍부한 육즙이 입안에서 어우러져 맛이
끝내주지요. 순살치킨을 만들 때도 뼈 없는 닭다리살을
활용합니다. 양념치킨처럼 진한 색의 양념은 도시락
용기에 색이 배일 수 있으니 초록색의 잎채소를 먼저
깔고 그 위에 담아요. 색감도 예쁘고 같이 먹을 수 있어
더욱 좋죠. 주반찬의 컬러가 진할 때는 밑반찬을 잔잔한
컬러로 선택하세요.

TIP **1단 도시락 싸기**
상추를 파티션처럼 활용해 밥과 반찬을
나눴어요. 달걀프라이는 밥이 보이도록
올려야 더 예뻐요.

목요일
Thursday

하트밥 ○ ○

치킨스튜 ○ ○

단호박샐러드 ○
감자볶음 ● ○ ○

스트레스 날려주는
뜨끈한 이색요리

오늘의 도시락

1단 하트밥
2단 치킨스튜
3단 단호박샐러드+감자볶음

오늘은 닭안심살로 서양식 닭볶음탕으로도 불리는
치킨스튜를 준비했어요. 토마토소스와 닭육수로
만든 양념이 마치 찌개와 비슷하게 보여 음식에 대한
거부감을 덜어주죠. 아침 시간이 부족한 저는 팔팔 끓인
닭육수 대신 치킨스톡으로 그 맛을 대신하곤 합니다.
밥과 빵에 모두 잘 어울리고 뜨끈하면서도 매콤새콤해
언제 어디서나 즐기기 좋아 캠핑요리로도 추천해요.
밑반찬은 단호박샐러드와 감자볶음을 더해 빨강, 노랑,
흰색으로 시각적인 컬러감을 살렸습니다. 알록달록하니
보기만 해도 입맛이 돌아요.

TIP **1단 도시락 싸기**
국물요리를 담을 때는 위생봉지 2장을
접어 메뉴 사이사이에 꼭꼭 밀어 넣은 뒤
뚜껑을 덮어주세요.

금요일
Friday

병아리콩밥 ○

닭다리살양념구이 ○○○

무피클 ○
새우마늘볶음
무생채 ○

정신이 번쩍
불금맞이 매콤구이

오늘의 도시락

1단 병아리콩밥
2단 닭다리살양념구이
3단 무피클+새우마늘볶음+무생채

쫄깃한 닭다리살로 만든 양념구이를 소개해요.
간장양념 소스를 발라도 좋지만 불금을 앞두고 정신이
번쩍 들만한 매콤한 양념으로 맛을 냈습니다. 시원한
무피클과 함께 먹으면 밸런스가 맞지요. 빨간색
양념구이를 도시락에 넣을 때는 깻잎채를 즐겨
이용합니다. 깻잎채를 도시락 바닥에 깔고 그 위에
고기를 올리면 색감이 확 살아나지요. 깜찍한 모양의
병아리콩으로 밥을 지으면 맛도 색도 예뻐요. 콩으로
전하고픈 메시지를 써도 좋아요.

TIP **1단 도시락 싸기**
닭다리살양념구이를 중앙에 담고
깻잎채로 섹션을 나눠 밥과 반찬으로
담았어요.

3 + WEEK

비타민 도시락

by 채소

봄과 가을, 감기에 자주 걸리는 환절기에는 도시락 메뉴에
변화를 줍니다. 우리 몸을 지켜주는 힘, 면역력을 키우는 비타민
도시락을 소개합니다. 가능한 육류는 피하고 비타민이 가득한
채소 중심의 식단을 준비하죠. 가지와 시래기, 미나리 그 외 각종
제철나물이 비타민 도시락의 주역들입니다.

월요일	못난이주먹밥+가지롤구이+청포묵무침+봄동무침+도라지나물
화요일	풋콩밥+시래기된장국+봄동무침+꼬마새송이버섯볶음
수요일	병아리콩밥+오징어미나리강회+달래무침+강된장+파인애플
목요일	곤드레밥+도라지나물+꼬마새송이버섯볶음+달래무침
금요일	상추쌈밥+강된장+청포묵무침+파인애플

장보기

비타민 도시락 주간에는 가계부도 알뜰살뜰 가벼워집니다. 비싼 육류나
특별한 재료 없이 손쉽게 구할 수 있는 채소가 대부분이지요. 제철채소부터
곤드레, 시래기 등 말린 나물류도 활용해보세요.

Shopping List

핵심 재료 가지 2개, 냉동 시래기 50g, 미나리 1/2줌, 말린 곤드레 15g, 꽃상추 8장
채소&과일 봄동 1/4포기, 도라지 150g, 꼬마새송이버섯 120g, 달래 100g, 빨간색 파프리카 ·
노란색 파프리카 · 청양고추 · 홍고추 2개씩, 양파 1개, 청피망 1/2개, 파인애플 200g
기타 돼지고기 다짐육 40g, 오징어 1마리, 청포묵 150g, 두부 1/4모(70g), 달걀 1개, 다시마
5x5cm 2장, 디포리 4마리, 조미김 2장, 모짜렐라치즈 · 들깨가루 적당량씩
소스 굴소스 · 들기름 · 된장 · 매실청 · 멸치액젓 · 쌈장 · 양조간장 · 초장 · 토마토소스

다듬기

꼬마새송이
버섯볶음

도라지나물

오징어미나리강회

시래기된장국

강된장

달래무침

상추쌈밥

청포묵무침

봄동무침

가지롤구이

이번주는 채소 다듬기가 대부분이에요. 오징어미나리강회와 강된장을
제외하면 모두 채소로 만드는 반찬들입니다. 맘만 먹으면 빠른 시간 안에
다듬기 과정을 마칠 수 있어요.

How to List

〔 밑반찬 재료 다듬기 〕
1 도라지는 소금으로 씻어 물에 담그고, 달래는
누런 잎을 떼고 알뿌리 껍질을 제거한다. 2 강된
장용 다짐육은 밑간하고 채소를 썬다. 3 청포묵
은 적당한 크기로 썰어 끓는 물에 데친다. 4 무침
용 봄동과 볶음용 버섯도 적당히 자른다.

〔 주반찬 재료 다듬기 〕
1 오징어는 손질하고 소금으로 이물질을 제거
한다. 2 냉동 시래기는 뜨거운 물에 담가 해동
한다. 3 말린 곤드레는 물에 담가 불린다. 4 꽃
상추는 깨끗이 씻어 물기를 제거하고 가지는
필러를 이용해 길게 슬라이스한다.

비타민 도시락 밑반찬 만들기

싱싱한 채소의 향과 다양한 식감의 채소요리를
준비합니다. 향긋한 무침과 볶음으로 비타민 도시락을
챙겨보세요. 잘게 다진 채소에 고추장, 된장을 넣고 팔팔
끓인 강된장도 빠질 수 없죠.

도라지나물

강된장

봄동무침

달래무침

꼬마새송이버섯볶음

청포묵무침

○○○○○○

컬러 밑반찬 6

강된장

두부 1/4모(70g), 돼지고기 다짐육 40g, 꼬마새송이버섯
20g, 양파 1/6개, 청양고추 1개, 참기름 1큰술
고기 밑간 청주 · 양조간장 1/2작은술씩
양념 된장 2큰술, 고추장 1작은술, 고춧가루 · 다진 마늘 ·
물엿 1/2작은술씩
다시마 육수 디포리 2마리, 다시마 5×5cm 1장, 물 2컵

1. 냄비에 물을 붓고 디포리와 다시마를 넣어 10분 우렸다가
불에 올려 끓어오르면 중간 불에서 1분간 더 끓인다. 불을 끄고
다시마는 건져내고 15분 후 디포리도 건진다.
2. 다짐육은 핏물을 제거한 뒤 15분간 밑간한다.
3. 두부는 사방 1cm 크기로 썰고, 버섯과 양파는 사방 0.5cm
크기로 썬다. 청양고추는 꼭지와 씨를 제거해 잘게 다진다.
4. 냄비에 참기름을 둘러 ❷를 넣고 중간 불에서 볶다가 고기가
살짝 익으면 썰어둔 버섯과 양파를 넣고 볶는다.
5. 양파가 투명해지면 ❶의 다시마 육수와 양념 재료를 넣어
센 불에서 끓인다.
6. 보글보글 끓으면 썰어둔 두부와 다진 청양고추를 넣고 중약
불로 줄여 자작하게 끓여낸다.

COOKING TIP

강된장이 너무 묽게 느껴진다면
콩가루를 1큰술을 더하세요.
고소함이 더 깊어져요.

COOKING TIP

봄동은 양념에 너무 세게 버무리면 풋내가 날 수
있으니 주의하세요.

봄동무침

봄동 1/4포기, 양파 1/6개, 고춧가루 · 멸치액젓·
매실청 1큰술씩, 국간장 · 참기름 · 다진 마늘
1/2큰술씩

1. 봄동은 작고 연한 잎만 떼어 흐르는 물에 씻어
물기를 제거해 적당한 크기로 자른다.
2. 양파는 0.5cm 폭으로 채썬다.
3. 볼에 고춧가루와 멸치액젓, 매실청, 국간장,
참기름, 다진 마늘을 넣고 섞어 양념장을 만든다.
4. ❸에 먹기 좋게 자른 봄동과 양파채를 넣고
가볍게 무친다.

꼬마새송이버섯볶음

꼬마새송이버섯 100g, 빨간색 파프리카 · 노란색
파프리카 1/6개씩, 굴소스 1과1/2큰술, 식용유 1큰술,
물엿 1/2큰술, 참기름 1/2작은술, 후춧가루 약간

1. 버섯은 흐르는 물에 씻고 크기가 큰 것은 반으로
가른다.
2. 파프리카는 사방 2cm 크기로 자른다.
3. ❶의 버섯을 끓는 물에 넣고 15초간 데친 뒤 체에
밭쳐 물기를 제거한다.
4. 달군 팬에 식용유를 두르고 준비한 파프리카를
중간 불에서 볶는다.
5. 파프리카를 볶기 시작한지 1분이 지나면
❸의 데친 버섯과 굴소스, 물엿, 참기름, 후춧가루를
넣고 중간 불에서 1분간 볶아낸다.

COOKING TIP

버섯은 살짝 데쳐 볶아야 물기가 많이 나오지
않아 반찬으로 두고 먹기 좋아요.

청포묵무침

청포묵 1/2팩(150g), 달걀 1개, 조미김 2장
양념 양조간장 1/2큰술, 참기름 1작은술, 다진 마늘 ·
설탕 1/2작은술씩

1. 청포묵은 가늘게 썰어 끓는 물에 넣어 투명한 색이
날 때까지 데친 뒤 체에 밭쳐 물기를 빼고 한 김 식힌다.
2. 달걀은 흰자와 노른자로 나눠 지단을 부쳐 0.5cm
폭으로 채썬다.
3. 위생봉지에 조미김을 넣어 잘게 부순다.
4. 볼에 데친 청포묵과 달걀지단, 김가루를 넣은 뒤
양조간장, 다진 마늘, 설탕, 참기름을 넣고 버무린다.

COOKING TIP

청포묵은 끓는 물에 데쳐 사용해야 식감이
부드럽고 쫄깃해요.

도라지나물

도라지 1과1/2줌(150g), 굵은소금 3큰술,
참기름 2큰술, 식용유 · 물 1큰술씩, 국간장 · 다진 마늘
1/2큰술씩, 소금 약간

1. 도라지는 먹기 편하도록 세로로 가르고
긴 것은 반으로 자른다.
2. 굵은소금 2큰술로 도라지를 빡빡 씻은 뒤 물로
헹궜다가 약 1시간 물에 담가둔다.
3. 끓는 물에 굵은소금 1큰술 풀어 ❷의 도라지를
넣고 1분간 삶아 찬물에 헹구고 물기를 뺀다.
4. 달군 팬에 식용유를 둘러 다진 마늘을 볶는다.
5. 삶은 도라지를 넣고 물과 국간장을 넣어 약한
불에서 3~4분 볶아낸다.
6. 소금을 조금씩 넣어가며 간을 맞추고 참기름을
둘러 마무리한다.

COOKING TIP

도라지는 굵은소금에 빡빡 씻어 물에 담갔다가
사용해야 아린 맛이 사라져요.

달래무침

달래 2줌(100g), 고추장 · 식초 1큰술씩, 고춧가루 ·
매실청 1/2큰술씩

1. 달래는 누런 잎을 떼어내고 칼로 알뿌리의
껍질을 제거한 뒤 흐르는 물에 한 뿌리씩 흔들어
씻는다.
2. 달래 줄기는 6cm 길이로 썰고, 알뿌리는
큰 부분만 칼등으로 눌러 으깨 준비한다.
3. 볼에 고추장, 식초, 고춧가루, 매실청을 섞은 뒤
❷의 달래를 넣고 버무린다.

COOKING TIP

달래의 매운맛이 힘들다면 찬물에 30분 담근 후
사용하세요.

전날 저녁 15분 밑작업 + 당일 아침 20분 조리하기

비타민 도시락 주반찬 만들기

1일분

채소요리는 만들어 바로 먹는 게 제일 맛있지요! 전날 저녁에 육수 내기,
삶기, 데치기, 불리기 등의 과정을 끝냈다면 나머지는 모두 당일 아침에
조리하세요. 구이부터 국, 강회, 쌈밥, 나물밥까지… 다양한 조리법으로
비타민 도시락을 즐기세요.

시래기된장국
전날 저녁 디포리와
다시마를 우려 육수를
준비한다. 냉동 시래기도
삶아 식힌다.

가지롤구이
전날 저녁 가지의
밑동을 제거하고
필러를 이용해
세로로 길게 자른다.

오징어미나리강회
전날 저녁 오징어를 데치고 채소를 손질한다

상추쌈밥
전날 저녁 상추 밑단을 자르고
홍고추를 어슷썰어둔다.

곤드레밥
전날 저녁 곤드레를
삶아 3cm 폭으로 자르고
양념장을 만든다.

요일별 주반찬 5

토마토소스에 가지가 쏘옥~

가지롤구이

가지 2개, 빨간색 파프리카 · 노란색 파프리카 ·
청피망 1/2개씩, 간장 · 들기름 1큰술씩
소스 토마토소스 1/2컵, 모짜렐라치즈 1/3컵

전날저녁

1. 파프리카와 피망은 6×1cm 크기로 자른다.

2. 가지는 밑동을 제거해 필러로 세로로 길게 밀어 준비한다.

3. 간장과 들기름을 섞어 ❷의 가지 앞뒷면에 바른 뒤 팬에서 살짝
   굽는다.

4. 구운 가지에 파프리카와 피망을 올려 돌돌 만다. 이쑤시개로
   고정시켜도 좋다.

5. ❹의 밑동을 평평하게 자른 뒤 180℃로 예열한 오븐에서 5분간
   굽는다.

6. 토마토소스를 팬에 넣어 한 번 끓이고, 모짜렐라치즈도
   전자레인지에서 20초간 녹인다.

7. 도시락 용기에 끓인 토마토소스를 깔고 위에 녹인 치즈를 올린
   뒤 구운 가지롤을 세워 넣는다.

COOKING TIP

싱겁다면 발사믹소스를 추가

토마토소스와 모짜렐라치즈의
간이 부족하다면 발사믹소스를
곁들여도 좋아요. 올리브유
2큰술, 발사믹식초 · 올리고당
1큰술씩, 레몬즙 · 다진 마늘
1/2큰술씩을 섞어 만들어요.

따뜻하고 구수한 한 그릇

시래기된장국

냉동 시래기 50g, 청양고추 1/2개,
된장 1큰술, 들깨가루 1작은술, 고춧가루 ·
다진 마늘 1/2작은술씩
다시마 육수 디포리 2마리, 다시마 5x5cm 1장,
물 2컵

전날저녁

1. 냉동 시래기는 뜨거운 물에 담가 3시간 이상 해동한다.
2. 냄비에 물을 붓고 디포리와 다시마를 넣어 10분간 우렸다가 불에
   올린다. 끓어오르면 중간 불에서 1분간 끓인 뒤 불을 끄고 다시마는
   건져내고 15분 후 디포리도 건진다.
3. ❶의 시래기는 껍질을 벗겨 씻은 후 3cm 간격으로 자른다.
   청양고추도 씨를 빼고 잘게 다진다.
4. 볼에 시래기, 된장, 고춧가루, 다진 마늘을 넣고 버무려 10분간 둔다.
5. 냄비에 ❷의 다시마 육수와 양념에 버무린 시래기를 넣고 중간 불에서
   끓인 후 다진 청양고추와 들깨가루를 넣어 마저 끓여낸다.

COOKING TIP

**말린 시래기는 뜨거운 물에
4시간 불려야**

말린 시래기는 뜨거운 물에
4시간 이상 불렸다가 센
불에서 20분, 중간 불에서
40분간 삶아요. 이후 30분
뜸을 들이고 3시간 식혔다가
사용해야 합니다.

알록달록 입맛 당기는

오징어미나리강회

오징어 1마리, 빨간색 파프리카 · 노란색
파프리카 1/2개씩, 미나리 1/2줌(30g),
굵은소금 1큰술
소스 초장 2큰술

전날저녁

1. 오징어는 가위로 몸통과 다리부분을 분리한 뒤 몸통을 세로로
잘라 연골을 뺀다. 눈과 입을 도려내고 굵은소금으로 문질러
이물질을 제거한다.

2. 다듬은 오징어는 흐르는 물에 씻어 끓는 물에 1분30초간 데쳐
건진다.

3. 데친 오징어와 파프리카는 6×1cm 크기로 썬다.

4. 미나리는 끓는 물에 15초간 데쳐 줄기만 10cm 길이로 자른다.

5. 데친 미나리 줄기 위에 ❸의 오징어와 빨간 파프리카, 노란색
파프리카를 올려 돌돌 말아 묶고 초장과 곁들여낸다.

COOKING TIP

집에서 간단히 초고추장 만들기

당장 집에 초고추장이 없다면
고추장, 식초, 설탕을 섞어 뚝딱
만들어보세요. 모두 1:1:1 비율로
섞으면 완성입니다.

양념장에 삭삭 비벼 먹는 봄맛

곤드레밥

쌀 1컵, 말린 곤드레 15g, 물 · 곤드레
삶은 물 2/3컵씩
곤드레 밑간 간장 · 참기름 1큰술씩
양념장 간장 2큰술, 고춧가루 · 다진 마늘
· 다진 홍고추 · 다진 청양고추 · 참기름
1/2큰술씩, 설탕 1작은술, 통깨 약간

전날저녁

1. 말린 곤드레는 물에 담가 최소 6시간 이상 불린다.
2. 불린 곤드레를 깨끗이 씻어 끓는 물에 넣어 중간 불에서 1시간
   정도 삶는다.
3. 삶은 곤드레는 그대로 4시간 정도 식히고 곤드레 삶은 물은 따로
   받아놓는다.
4. 곤드레가 식으면 3cm 길이로 잘라 간장과 참기름으로 밑간한다.
5. 쌀 1컵을 씻어 전기밥솥에 넣는다. 이때 밥물 양은 물과 곤드레
   삶은 물을 반반씩 섞어 평소의 양 만큼 붓는다.
6. ❺에 밑간한 곤드레를 올리고 취사버튼을 누른다. 밥 짓는 동안
   양념장을 준비해 곁들인다.

COOKING TIP

**삶은 곤드레는 반드시
식혔다가 사용**

삶은 곤드레를 바로 찬물에
헹구면 줄기가 질겨져서 먹기
힘들어요. 반나절 정도 식혔다가
사용하세요. 곤드레 삶은 물은
따로 모아 밥 지을 때 넣으면
밥의 향이 더욱 좋아요.

쌈과 밥, 그리고 쌈장

상추쌈밥

밥 1공기(200g), 꽃상추 8장, 홍고추 약간,
쌈장 2큰술
밥 양념 참기름 1/2큰술, 소금 약간

전날저녁

1. 꽃상추는 깨끗이 씻어 물기를 제거한다.
2. 가위로 꽃상추의 아래쪽 1/3부분을 자른 뒤 중앙에 세로로 3cm
   정도 길게 가위집을 넣는다.
3. 홍고추는 잘게 슬라이스한다.
4. 밥에 참기름과 소금을 넣고 버무린 뒤 한입크기로 둥글게 뭉친다.
5. ❷의 가위집 넣은 부분을 서로 겹쳐서 고깔모양을 만든 뒤
   그 안에 둥글게 뭉친 밥을 넣는다.
6. 쌈밥 위에 쌈장과 함께 슬라이스한 홍고추를 올린다.

COOKING TIP

쌈채소 물기 제거 노하우

쌈채소의 물기를 제거할
때는 위생봉지를 이용하세요.
위생봉지에 키친타월과
쌈채소를 같이 넣고 흔들면
물기만 쏙 빠지고 채소 잎은
상하지 않아요.

월요일

Monday

못난이주먹밥 ◔ ◦   가지롤구이 ◔ ◔ ◦   청포묵무침 ◦ ◦ ◦ ◔
봄동무침 ◔
도라지나물 ◔

도시락 충전모드
입안에서 터지는 비타민 폭탄

오늘의 도시락

1단 못난이주먹밥
2단 가지롤구이
3단 청포묵무침+봄동무침+도라지나물

오늘 도시락의 주인공은 가지예요. 가지롤구이는 평소
가지를 좋아하지 않아도 부담없이 먹기 좋은 요리지요.
토마토소스와 모짜렐라치즈, 파프리카, 가지의 조화가
특별하답니다. 꼭 반찬이 아니라도 간단한 술안주로도
추천해요. 밑반찬은 비타민의 여왕이라 불리는 봄동을
무쳐 넣었어요. 톡톡 터지는 식감의 청포묵무침과 쓰지
않고 은은한 맛의 도라지나물도 함께 준비했지요. 밥을
동그랗게 모양 잡아 김가루를 붙여 넣으니, 나름의
포인트가 됩니다.

TIP 1단 도시락 싸기
주먹밥부터 넣어 중심을 잡은 뒤
가지롤구이를 그대로 세워 빼곡히
넣었어요.

화요일
Tuesday

풋콩밥 ○○

시래기된장국 ○○

봄동무침 ○
꼬마새송이버섯볶음
○ ○○

몸도 마음도 편안한 하루
시원한 된장국과 나물의 조화

오늘의 도시락

1단 풋콩밥
2단 시래기된장국
3단 봄동무침+꼬마새송이버섯볶음

풋콩밥에 시래기된장국, 여기에 봄동무침과
꼬마새송이버섯볶음을 더해 파릇파릇한 향기를
더했어요. 무청을 말려낸 시래기는 우리집 완소
식재료죠. 겨울이면 부엌 한편에 부모님이 챙겨다준
시래기가 가득합니다. 겨울뿐만 아니라 사계절
내내 먹거리가 궁핍할 때면 시래기된장국을 끓여요.
시래기와 된장이 내는 구수한 맛이 속까지 편하게
해주죠. 비타민, 미네랄, 식이섬유도 풍부해 애정하는
메뉴예요. 단, 시래기는 삶아서 그대로 먹으면
너무 질겨서 식감이 좋지 않으니 꼭 껍질을 벗겨서
조리하세요.

TIP **1단 도시락 싸기**
뚜껑을 닫을 수 있는 미니 통에 국을 담고
주변에 밥과 반찬을 쪼르르 담았어요.

수요일
Wednesday

병아리콩밥 ○

오징어미나리강회
with 초장
○ ○ ○

달래무침 ○
강된장 ○
파인애플 ○

알록달록 천연색의 향연
비타민 종합선물 세트

오늘의 도시락

1단 병아리콩밥
2단 오징어미나리강회 with 초장
3단 달래무침+강된장+파인애플

언젠가 뉴스를 보니 오징어가 국내 소비 수산물 2위에
올랐더군요. '국민 수산물' 오징어로 도시락 메뉴를
만들어봤어요. 쫄깃한 오징어에 아삭아삭 파프리카를
더해 미나리 줄기로 꽁꽁 묶으니 입안에 자연이 찾아온
듯 향기가 가득하답니다. 알록달록한 색감으로 손님
초대상 메뉴로도 제격이죠. 미나리 대신 부추나 쪽파를
이용해도 좋아요. 초장이나 연겨자 소스를 만들어 찍어
먹으면 더 맛있어요. 밑반찬은 쌉싸름한 달래무침과
구수한 강된장, 디저트용 과일을 함께 넣었습니다.

TIP 1단 도시락 싸기
도시락 가장자리에 강된장을 깔고
그 위에 밥을 세로로 길게 세웠어요.
쓱싹 비벼먹기 좋지요.

목요일
Thursday

곤드레밥 with 양념장
○○○

도라지나물 ○
꼬마새송이버섯볶음 ○○
달래무침 ○

반찬까지 몽땅!
쓱쓱 비벼 먹는 나물밥

오늘의 도시락

1단 곤드레밥 with 양념장
2단 도라지나물+꼬마새송이버섯볶음+달래무침

곤드레하면 제일 먼저 떠오르는 게 곤드레밥이죠.
향긋한 나물밥을 간장 양념에 쓱쓱 비벼 먹으면 엄지
척이 절로 나와요. 지금이야 별미처럼 즐기지만 원래
곤드레밥은 오래 전 보릿고개 시절에 끼니를 때우기
위해 지어 먹기 시작한 밥이라고 합니다. 곤드레는
단백질, 칼슘, 비타민A 등 영양이 높은 식품이에요.
칼로리는 낮고 섬유질이 풍부해 다이어트 음식으로도
좋답니다. 간장 양념장이 있기에 밑반찬은 심심한 맛
위주로 골랐어요. 도라지나물과 꼬마새송이버섯볶음,
그리고 곤드레밥에 함께 비벼 먹어도 맛있는
달래무침을 더했습니다.

TIP **1단 도시락 싸기**
곤드레밥 양념장을 밥 위에 살짝 뿌려
곧장 비벼 먹을 수 있어요.

금요일
Friday

상추쌈밥 ○○○

파인애플
청포묵무침 ○○○○
강된장 ○

한입에 쌈밥 하나
초간단 피크닉풍 도시락

오늘의 도시락   **1단+2단** 상추쌈밥
 3단 파인애플+청포묵무침+강된장

평상시 고기 먹을 때 빼놓지 않는 게 상추쌈이죠.
깻잎보다 아삭아삭한 식감이 좋아요. 상추에 밥을
가득 넣고 된장을 조금 올려 싸 먹으면 굳이 고기를
넣지 않아도 맛있답니다. 적은 양으로도 포만감이
높아 다이어트에도 좋지요. 상추의 알칼로이드 성분이
숙면에 도움을 준다니 피곤한 날 비타민처럼 챙겨야 할
식재료예요. 쌈이 아니라도 겉절이, 샌드위치에 곁들여
먹어도 좋습니다. 밑반찬으로 강된장을 넣을 때는
쌈밥 위에 얹는 쌈장은 생략해요. 향긋한 파인애플은
디저트로 즐겨요.

TIP **1단 도시락 싸기**
강된장은 소스통에 담아 넣고, 쌈밥은
그대로 올려요.

4+WEEK

스태미나 도시락

by 해산물

고단백 저지방 해산물로 만드는 스태미나 도시락입니다.
가을과 겨울 제철을 맞은 해산물로 영양을 가득 채웁니다.
피로회복은 물론 체력강화를 돕는 해산물 도시락으로 기운
넘치는 일주일을 준비하세요.

월요일	캐릭터밥+낙지볶음+애호박전+묵은지들기름볶음+황도
화요일	굴밥+명엽채볶음+꼬시래기초무침+오이고추된장무침
수요일	주먹밥+장어구이+묵은지들기름볶음+애호박전+명엽채볶음
목요일	전복죽+알감자조림+꼬시래기초무침+프루트칵테일
금요일	꽃달걀프라이밥+굴전+황도+오이고추된장무침+알감자조림

장보기

스태미나 도시락의 핵심 재료는 해산물입니다. 해산물은 신선도가
생명이기에 장보기에 더욱 신경을 쓰지요. 낙지는 흡반의 흡착력이 강한
것을 고르고, 굴은 테두리가 까맣고 탱글탱글한 걸로 구입해요.

Shopping List

핵심 재료 낙지 1마리, 굴 200g, 손질 장어 1마리(200g), 전복(大) 3마리
채소 알감자 10개, 오이고추 5개, 애호박 · 양파 · 홍고추 1개씩, 당근 1/4개, 대파 10cm
기타 묵은지 200g, 염장 꼬시래기 150g, 명엽채 100g, 달걀 5개, 황도 1캔(400g),
프루트칵테일 1병(240g), 다시마 5×5cm 1장, 디포리 1마리, 부침가루 · 밀가루 적당량씩
소스 들기름 · 청주 · 카레가루

밑반찬 일요일 저녁 30분 + 주반찬 전날 저녁 10분

다듬기

알감자조림

명엽채볶음

낙지볶음

굴밥

굴전

꼬시래기
초무침

전복죽

묵은지
들기름볶음

애호박전

장어구이

오이고추
된장무침

이번주는 다듬기에 공들여야 해요. 해산물은 특히 손질에 시간이 걸리지요.
번거롭더라도 굵은소금과 솔을 이용해 꼼꼼하게 손질해야 먹기 좋답니다.
비린내 없애주는 청주도 꼭 필요한 품목이에요!

How to List

〔밑반찬 재료 다듬기〕
1 알감자는 칫솔로 여러 번 세척한다. 2 명엽채는 가루를 털고 염장 꼬시래기는 찬물에 담근다. 3 애호박은 0.5cm, 오이고추는 1.5cm 폭으로 썬다. 4 묵은지는 양념을 깨끗이 씻고 물기를 짠다.

〔주반찬 재료 다듬기〕
1 낙지는 굵은소금으로 바락바락 씻는다. 2 굴은 소금과 청주 섞은 물에 담가 흔들어 씻는다. 3 전복은 손질해 숟가락으로 껍데기와 살을 분리한다. 4 장어는 흐르는 물에 씻어 키친타월에 올려 물기를 제거한다.

스태미나 도시락 밑반찬 만들기 2일분

이번주 밑반찬은 해산물로 만든 주반찬의 담백함이 살모록 간이 세지
않게 준비했습니다. 애호박, 묵은지, 오이고추, 알감자 모두 노화방지와
피로회복에 효과적인 재료지요. 명태의 흰살 부분만 전분과 섞어
납작하게 눌러낸 명엽채와 꼬시래기도 즐겨찾는 식재료랍니다.

알감자조림

명엽채볶음

꼬시래기초무침

애호박전

오이고추
된장무침

묵은지
들기름볶음

애호박전

애호박 1/2개, 홍고추 1개, 달걀 2개, 식용유 3큰술,
부침가루 2큰술, 소금 1작은술, 소금 1/2큰술(수분
제거용)

1. 애호박은 0.5cm 두께로 슬라이스하고
홍고추는 어슷썬다.
2. 슬라이스한 애호박을 도마에 넓게 펼쳐 소금
1/2큰술을 뿌린다.
3. 10분 뒤 소금을 뿌린 애호박에 물기가 생기면
키친타월로 수분을 제거한다.
4. 위생봉지에 부침가루 2큰술과 ❸의 애호박을
넣고 흔들어 부침옷을 입힌다.
5. 달걀을 풀어 소금 1작은술을 넣고 튀김옷 입힌
애호박을 담가 달걀물을 입힌다.
6. 달군 팬에 식용유를 두르고 달걀물을 입힌
애호박을 올려 중간 불에서 굽는다.
7. 밑부분이 노릇하게 익어가면 어슷썬 홍고추를
올리고 5초 후에 뒤집는다.

COOKING TIP

애호박은 소금을 뿌려 물기를 제거한 뒤 전을 부쳐야
물러지거나 기름이 튀지 않아요.

COOKING TIP

묵은지 요리에 설탕을 넣으면 짠맛과 신맛이
중화되어 군내가 사라져요.

묵은지들기름볶음

묵은지 200g, 대파 5cm, 들기름 2큰술, 다진 마늘 ·
설탕 · 통깨 1/2큰술씩

1. 묵은지를 흐르는 물에 씻어 속양념을 제거하고
물기를 꼭 짠다.
2. 물에 헹군 묵은지는 2cm 폭으로 썰고 대파는
송송 썬다.
3. 달군 팬에 들기름을 두르고 송송 썬 대파와
다진 마늘을 넣고 볶는다.
4. ❸에 묵은지와 설탕, 통깨를 넣고 볶는다.

명엽채볶음

명엽채 100g, 식용유 1큰술, 간장·설탕 1/2큰술,
맛술·올리고당·참기름 1작은술씩

1. 명엽채는 먹기 좋은 길이로 잘라 체에 밭쳐
가루를 훌훌 털어낸다.
2. 달군 팬에 기름 없이 명엽채만 넣고 중간
불에서 1분간 볶는다.
3. 1분 뒤 식용유를 둘러 노릇한 색이 나도록
중간 불에서 볶아낸다.
4. 다른 팬에 분량의 간장, 설탕, 맛술,
올리고당, 참기름을 섞어 살짝 끓인다.
5. 끓어오르면 ❸의 볶은 명엽채를 넣고
양념이 스며들도록 볶는다.

COOKING TIP

명엽채는 기름을 두르지 않은 팬에서 약한 불로 살살
볶았다가 조리해야 비린 맛이 덜해요.

꼬시래기초무침

염장 꼬시래기 150g, 당근 1/4개, 고추장·식초·
매실청 1큰술씩, 고춧가루 1/2큰술, 다진 마늘
1작은술, 설탕·참기름 약간씩

1. 염장 꼬시래기는 찬물에 헹궈 가닥가닥
사이의 소금과 이물질을 꼼꼼히 제거한다.
2. 다듬은 꼬시래기를 30분간 찬물에 담가
짠기를 뺀다.
3. 끓는 물에 꼬시래기를 넣어 30초간 데친 뒤
찬물에 헹궜다가 체에 밭쳐 물기를 제거한다.
4. 데친 꼬시래기는 한 김 식혀 먹기 좋게
자르고, 당근도 0.3cm 폭으로 채썬다.
5. 볼에 ❹의 꼬시래기와 당근채, 남은 재료를
모두 넣고 버무린다.

COOKING TIP

꼬시래기는 너무 오래 삶으면 점액질이 빠져나와
식감이 떨어져요. 살짝만 데쳐 사용하세요.

오이고추된장무침

오이고추 5개, 된장 1/2큰술, 고추장 · 매실청 ·
다진 마늘 · 참기름 1작은술씩

1. 오이고추는 꼭지를 제거해 깨끗이 씻어 1.5cm
폭으로 송송 썬다.
2. 볼에 된장, 고추장, 매실청, 다진 마늘, 참기름을
넣고 고루 섞는다.
3. ❷에 송송 썬 오이고추를 넣고 살짝 버무려낸다.

COOKING TIP

오이고추는 많이 버무릴수록 물이 생기기 쉬워요. 재료가
섞일 정도로만 가볍게 무쳐주세요.

알감자조림

알감자 10개, 올리브유 · 간장 2큰술씩, 설탕 · 맛술 · 물엿
1큰술씩, 참기름 1/2작은술
다시마 육수 다시마 5×5cm 1장, 디포리 1마리, 물 2/3컵

1. 냄비에 물과 다시마와 디포리를 넣고 10분간 우려
불에 올린다. 끓기 시작하면 중간 불에서 1분 더
끓이다 불을 끄고 다시마를 건지고 15분 뒤 디포리도
건져낸다.
2. 볼에 알감자를 담고 물을 가득 채워 칫솔로
흙탕물이 나오지 않을 때까지 여러 번 세척한다.
3. 손질한 알감자를 올리브유에 버무려 230℃로
예열한 오븐에서 20분간 굽는다.
4. 냄비에 ❶의 다시마 육수와 간장, 설탕, 맛술, 물엿,
참기름을 넣고 중간 불에서 자박자박해질 때까지
졸인다.

COOKING TIP

오븐이 없다면 냄비에 알감자가 잠기게
물을 붓고 중간 불에서 15분간 삶아
조리하세요.

스태미나 도시락 주반찬 만들기

1일분

해산물 요리는 비린내와 불순물 제거가 중요하죠. 청주, 소금물 등에
씻어주면 불순물과 비린내도 제거되면서 소독효과도 있답니다. 양념장도
전날 저녁에 미리 만들어두면 바쁜 아침 여유롭게 도시락을 쌀 수 있어요.

낙지볶음
전날 저녁 끓는 물에
손질한 낙지를 10초간
데쳤다가 얼음물에 식혀
4cm 길이로 썬다.

굴전
전날 저녁
굴을 세척하고
양념장을 만든다.

굴밥
전날 저녁 굴을 세척하고
쌀을 불린다.

전복죽
전날 저녁 전복을 손질해
전복살과 내장을 분리한 뒤
내장의 모래집을 제거한다.

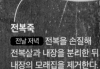

장어구이
전날 저녁 장어는 키친타월에 올려 물기를
제거하고 양념장을 미리 만들어둔다.

요일별 주반찬 5

정신을 깨우는 매콤함

낙지볶음

낙지 1마리, 양파 · 애호박 1/6개씩, 대파 5cm,
굵은소금 3큰술, 식용유 1큰술,
참기름 1작은술
양념 고춧가루 · 간장 · 청주 · 매실청 1큰술씩,
고추장 · 설탕 1/2큰술씩, 다진 마늘 1작은술

전날 저녁

1. 낙지는 흐르는 물에 씻어 머리 사이에 가위를 넣어 반으로 쪼개 내장을
제거하고 눈도 제거한다.

2. 볼에 손질한 낙지를 넣고 굵은소금을 뿌려가며 빨래하듯 20회 이상
바락바락 씻어 여러 번 헹군다.

3. 낙지를 끓는 물에 10초간 데쳐 얼음물에 식혀 4cm 길이로 자른다.

4. 양파는 0.5cm 폭으로 채썰고 애호박도 같은 두께로 부채꼴 모양으로
썬다. 대파는 송송 썬다.

5. 분량의 재료를 섞어 양념장을 만든다.

6. 달군 팬에 식용유를 두르고 송송 썬 대파를 넣고 1분간 볶다가 준비한
양파채와 애호박을 넣어 볶는다.

7. 양파가 투명해지면 ❸의 낙지와 양념장을 넣고 양념이 배도록
센 불에서 30초간 볶다가 참기름을 둘러 마무리한다.

COOKING TIP

**낙지는 센 불에서 살짝
볶아야 질기지 않아**

낙지는 오래 볶을수록
질겨지고 물이 많이
생기니 센 불에서 살짝
볶는 게 좋아요. 채소가
익은 뒤 낙지를 넣고
볶아주세요.

담백하고 깊이 있는 맛

굴밥

쌀 1컵, 굴 80g, 소금 약간
양념장 간장 3큰술, 참기름 1큰술, 설탕·
고춧가루 1/2큰술씩, 다진 마늘 · 다진
대파 1작은술씩

전날저녁

1. 쌀 1컵을 물에 30분간 불린다.

2. 굴은 소금을 푼 물에 살살 흔들어 씻은 뒤 체에 받쳐 물기를
제거한다.

3. 분량의 재료를 섞어 양념장을 만든다.

4. 불린 쌀을 전기밥솥에 담고 쌀과 물의 비율을 5:4로 맞춰
백미취사를 선택해 밥을 짓는다.

5. 밥이 완성되면 ❷의 굴을 밥 위에 올려 재가열 버튼을 눌러 굴을
익힌다.

6. 굴밥이 완성되면 양념장을 기호에 따라 섞어 먹는다.

COOKING TIP

굴밥에 무를 더해도 맛나

굴밥을 만들 때 무를 넣어도
맛있어요. 이때는 무에서 물이
나오므로 밥물의 양은 평소보다
적게 잡으세요. 들어가는 무의
양에 따라 물 양을 조절해요.

스태미나 음식의 대표 메뉴

장어구이

손질 장어 1마리(200g)
장어 밑간 청주 3큰술
고추장 양념 고추장 2큰술, 간장 · 맛술 ·
올리고당 · 다진 마늘 1큰술씩,
고춧가루· 설탕 1/2큰술씩

전날저녁

1. 손질된 장어를 흐르는 물에 씻어 키친타월로 물기를 제거한다.

2. 물기를 제거한 장어에 청주를 뿌려 10분간 재운다.

3. 분량의 재료를 모두 섞어 고추장 양념을 만든다.

4. 밑간한 장어를 팬 크기에 맞춰 자른 뒤 장어의 등 부분부터 중간 불에서 굽는다.

5. 장어가 노릇하게 구워지면 살 쪽에 ❸의 양념을 바르고 뒤집어서 양념을 바르며 굽기를 3~4번 반복한다.

6. 양념장은 금방 타기 쉬우니 약한 불에서 먹기 좋게 잘라 양념이 잘 배도록 굽는다.

COOKING TIP

담백한 맛이 좋다면
소금구이를 추천

장어 본연의 담백한 맛을 그대로 즐기고 싶다면 소금구이를 권해요. 소금과 후춧가루만 뿌려 구운 뒤 생강채와 함께 먹으면 장어의 느끼함을 잡아줍니다.

우리집 건강 보양식

전복죽

쌀 1컵, 전복(大) 3마리,
맛술 · 물 1큰술씩(내장 믹서용),
국간장 · 참기름 1작은술씩,
소금 약간, 물 6컵

전날
저녁

1. 쌀을 물에 1시간 이상 불렸다가 체에 발쳐 물기를 제거한다.
2. 전복은 솔로 표면을 깨끗이 닦고 숟가락으로 살과 껍데기를 분리한다. 입 부분은 손으로 눌러 이빨을 제거한다.
3. 전복살과 내장을 분리한 뒤 내장에서 모래집 부분은 버리고 남은 전복살을 0.5cm 폭으로 썬다.
4. 분리한 내장은 믹서에 맛술과 물 1큰술씩 넣어 함께 간다.
5. 달군 냄비에 국간장과 참기름, 전복살을 넣고 중간 불에서 1분간 볶다가 불린 쌀을 넣고 쌀알이 투명해지도록 볶는다.
6. 물 6컵을 붓고 센 불로 끓이다 중간 불로 쌀알이 퍼지게 끓인다.
7. 약한 불로 줄여 쌀알이 완전 퍼지도록 끓이다 갈아둔 내장을 넣고 섞은 뒤 소금으로 간한다.

COOKING TIP

전복 내장에 70%의 영양이

전복요리를 할 때 내장은 버리지 말고 따로 보관했다가 죽에 넣으세요. 전복 영양의 70%가 내장에 있다고 합니다. 내장을 많이 넣으면 맛이 더 진해지고 고소해져요.

반찬으로, 술안주로 멀티 메뉴

굴전

굴 120g, 달걀 3개, 밀가루 1컵,
식용유 적당량, 굵은소금 약간
양념간장 간장 1큰술, 식초 1작은술,
고춧가루 · 설탕 1/2작은술씩

전날저녁

1. 굴은 굵은소금을 푼 물에 살살 흔들어 씻고 껍데기는 손으로
제거한 뒤 체에 밭쳐 물기를 뺀다.
2. 분량의 재료를 섞어 양념간장을 만든다.
3. 넓은 그릇에 밀가루를 펼치고 ❶의 굴을 굴려 밀가루옷을 고루
묻힌다.
4. 볼에 달걀을 풀어 달걀물을 만들고 ❸을 넣어 달걀옷을 입힌다.
5. 달군 팬에 식용유를 두르고 달걀옷을 입은 굴을 올려 노릇하게
구워 양념간장과 함께 낸다.

COOKING TIP

굴은 소금물에 씻어야 영양 유지

굴을 손질할 때는 반드시
소금물을 사용하세요. 그래야
굴의 맛과 영양이 빠지지 않아요.
가볍게 씻어 체에 밭쳐 물기를
빼고 조리하세요.

월요일
Monday

캐릭터밥 ◐ ○

낙지볶음
with 소면
○ ◐ ○

애호박전 ○ ○
묵은지들기름볶음
황도

월요병도 낫게 하는
매콤 캐릭터 도시락

오늘의 도시락

1단 캐릭터밥
2단 낙지볶음 with 소면
3단 애호박전+묵은지들기름볶음+황도

월요일 출근길의 결연한 의지를 라이언 캐릭터로
담았어요. 매콤하면서도 쫄깃한 낙지볶음이 월요병도
싹 없애줄 거예요. 낙지 한 마리가 인삼 한 근과
맞먹는다고 할 만큼 낙지는 예로부터 보양음식으로
알려져 있지요. 지방성분이 거의 없고 타우린, 무기질,
아미노산이 풍부해 스트레스 해소 및 피로회복에
최고의 식재료로 꼽힙니다. 회, 숙회, 탕, 볶음, 구이 등
여러 가지 요리로 활용하는데 우리집은 주로 볶음으로
즐기죠. 강렬한 낙지볶음에 순한맛의 애호박전,
묵은지들기름볶음을 곁들였어요.

TIP **1단 도시락 싸기**
도시락의 1/3은 밥을 깔고 김과
달걀지단으로 눈코입을 만들어요. 소면은
소스가 묻지 않도록 통에 따로 넣어요.

화요일
Tuesday

굴밥
with 양념장
○○○○

명엽채볶음
꼬시래기초무침 ○○
오이고추된장무침 ○

영양이 한가득
입안에 퍼지는 바다의 향기

오늘의 도시락

1단 굴밥 with 양념장
2단 명엽채볶음+꼬시래기초무침+오이고추된장무침

나폴레옹이 좋아했다는 굴로 도시락을 준비했어요.
굴은 칼로리와 지방함량은 낮고 칼슘, 단백질, 무기질
등의 영양이 풍부해 동맥경화 예방, 간 건강에도
도움을 주지요. 멜라닌 색소를 분해하는 성분도 있어
피부를 깨끗하게 만들어준다니 챙기게 되어요. 오늘은
바다향 가득한 굴밥에 명엽채볶음과 꼬시래기초무침,
오이고추된장무침을 넣어 초록의 향을 더했어요. 특히
꼬시래기는 체내 중금속 배출에 효과적이니 종종
무침으로 즐겨보세요.

TIP **1단 도시락 싸기**
굴밥을 사선으로 담고
오이고추된장무침으로 벽을 세워
밑반찬을 담았어요.

수요일
Wednesday

주먹밥 ○○

장어구이 ○○

묵은지들기름볶음
애호박전 ○○
명엽채볶음

일주일의 중반
지친 몸을 일으키는 힘

오늘의 도시락

1단 주먹밥
2단 장어구이
3단 묵은지들기름볶음+애호박전+명엽채볶음

평소에 기운이 없거나 몸보신이 필요할 때는
장어구이집으로 외식을 가죠. 단백질과 비타민A의
함량이 높아 건강식품, 약재로도 활용되는 장어는
중국, 일본, 유럽에서도 보양식으로 즐겨 먹는다네요.
하지만 성질이 차고 소화가 잘 안 되는 경향이 있어
한 번에 너무 많이 먹으면 역효과가 날 수 있답니다.
구이는 살집이 많은 민물장어, 샤브샤브나 세꼬시는
바다장어가 알맞아요. 오늘은 마트에서 사온
민물장어로 고추장양념구이를 준비했어요. 밥은
주먹밥처럼 뭉쳐 넣고 파슬리가루로 장식을 하니
색달라 보여요.

TIP **1단 도시락 싸기**
주먹밥을 중앙에 넣고 위쪽에 장어구이를
담았어요. 양쪽으로 밑반찬을 넣어 반찬을
고정시켜요.

목요일

Thursday

전복죽 ○○

알감자조림 ○
꼬시래기초무침 ○○

프루트칵테일 ○○○

스트레스 낮추는 힐링 메뉴
소박한 죽 한 그릇

오늘의 도시락

1단 전복죽
2단 알감자조림+꼬시래기초무침+프루트칵테일

뜨끈뜨끈한 전복죽 한 그릇이면 속이 든든해지죠.
심심한 전복죽에 자극적이지 않은 밑반찬으로 준비한
도시락이에요. 전복은 중국의 진시황제가 불로장생을
위해 먹었다고 전해지면서 예로부터 귀한 대접을
받아온 수산물이죠. 아르기닌이라는 아미노산이
많이 들어 있어서 성장기 어린이, 수술 후 회복환자,
노약자에게 특히 좋아요. 특히 전복 내장에 전체 영양의
70%가 들어 있다니 버리지 말고 모았다가 사용하세요.
전복죽에 넣으면 진한 맛이 일품이랍니다. 가을부터
초겨울까지는 전복 산란기로 약간의 독성이 있으니 꼭
익혀 먹어요.

TIP **1단 도시락 싸기**
전복죽은 뚜껑이 있는 통에 따로 담고
남은 밑반찬으로 둘레를 에워쌌어요.

금요일

Friday

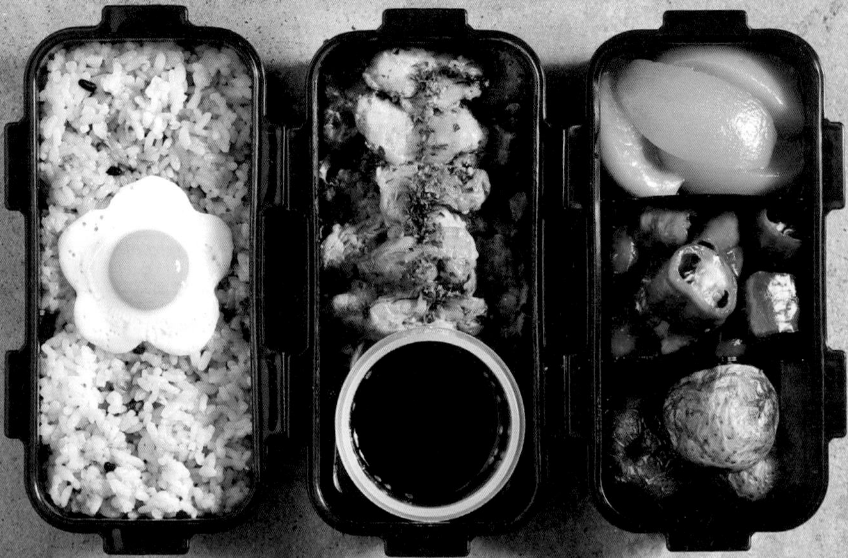

꽃달걀프라이밥 ○○

굴전
with 양념간장
○○○○

황도 ○
오이고추된장무침 ○
알감자조림 ○

불금의 시작
굴전과 오이고추로 충전

오늘의 도시락

1단 꽃달걀프라이밥
2단 굴전 with 양념간장
3단 황도+오이고추된장무침+알감자조림

굴튀김을 할까, 굴전을 할까 잠시 고민하다가 오늘은
굴로 전을 부쳤어요. 간장과 식초, 고춧가루, 설탕을
섞어 만든 양념장이 굴전의 맛과 향에 깊이를 더해줘요.
'바다의 우유'로도 불리는 굴은 글리코겐과
타우린이 다량 함유되어 콜레스테롤을 줄여주고
혈압을 낮춰줍니다. 무기질과 비타민도 많아
빈혈에도 효과적이죠. 보기만 해도 기분이 좋은
꽃달걀프라이밥도 준비했어요. 굴전으로 영양보충하고
슬슬 주말의 시작, 불금을 즐겨볼까요?

TIP **1단 도시락 싸기**
3칸으로 나눠 밥+주반찬+밑반찬으로
구성했어요. 디저트는 유산지에 담아요.

5+WEEK

해독 도시락

by 뿌리채소

다이어트 전이나 몸이 무겁게 느껴질 때면 도시락 식단을
바꿉니다. 체내에 쌓여 있는 독소를 몸 밖으로 배출시켜주는
해독 식단을 준비하지요. 연근, 우엉, 감자 등 섬유소가
가득한 뿌리채소로 밑반찬과 주반찬을 만들었어요.

월요일	흑미밥+양배추롤+숙주나물+가지두반장볶음+용과
화요일	햇님프라이밥+감자고추장찌개+꽈리고추찜+연근피클
수요일	피망잡채 with 꽃빵+새우브로콜리전+가지두반장볶음+연근피클
목요일	후리가케밥+우엉돼지고기말이+숙주나물+새우브로콜리전+두부강정
금요일	양배추쌈밥+두부강정+꽈리고추찜+용과

장보기

뿌리채소는 구입해 한 번에 먹기가 쉽지 않죠. 이번주는 남길 걱정 없이
일주일 동안 뿌리채소로 다양한 해독 도시락을 만들어봅니다.
우엉, 당근, 양파, 감자, 연근부터 장바구니에 담아요.

Shopping
List

핵심 재료 양배추 1/2통, 연근 100g, 감자 · 우엉 · 당근 · 양파 · 청피망 1개씩
육류&해산물 돼지고기 불고기용 · 돼지고기 다짐육 150g씩, 돼지고기 등심 100g, 차돌박이
50g, 칵테일새우(中) 12마리
채소&과일 숙주 3줌(150g), 꽈리고추 150g, 가지 · 토마토 · 브로콜리 · 빨간색 파프리카 · 노
란색 파프리카 · 용과 1개씩
기타 두부 1/2모(150g), 달걀 1개, 꽃빵 4개, 디포리 2마리, 다시마 5×5cm 2장, 밀가루 · 튀김
가루 · 부침가루 · 전분가루 · 빵가루 적당량씩
소스 굴소스 · 두반장 · 매실청 · 치자가루 · 카레가루 · 케첩 · 토마소스 · 피클링스파이스

다듬기

- 감자고추장찌개
- 가지두반장볶음
- 숙주나물
- 연근피클
- 꽈리고추찜
- 피망잡채
- 새우브로콜리전
- 양배추롤
- 양배추쌈밥
- 두부강정
- 우엉돼지고기말이

해독 도시락의 주재료는 채소입니다. 뿌리채소의 변색을 막고 싶다면 껍질을 벗겨 다듬은 뒤 식초물에 담갔다 사용하세요. 주반찬에 들어가는 육류는 조리 전날 밑간해야 짜지 않게 즐길 수 있어요.

How to List

〔밑반찬 재료 다듬기〕
1 숙주는 데치고, 가지는 크기에 맞춰 자른다.
2 피클용 연근은 껍질을 벗겨 슬라이스한다.
3 꽈리고추는 밀가루옷을 입히고, 브로콜리는 데친다. 4 강정용 두부는 키친타월에 올려 물기를 제거한다.

〔주반찬 재료 다듬기〕
1 감자는 싹을 도려내고 껍질을 벗긴다. 2 잡채용 채소는 채썰고 돼지고기는 밑간한다. 3 양배추는 심을 도려내 전자레인지나 찜통에 찐다. 4 우엉은 껍질을 벗기고 식초물에 담가둔다.

일요일 저녁 1시간

해독 도시락 밑반찬 만들기

2일분

연근과 가지, 숙주, 꽈리고추, 브로콜리 등으로 밑반찬을
준비해요. 몸 안의 독소 배출에 효과적인 식재료들이죠.
다이어트에도 좋답니다. 총 6가지 밑반찬을 만들어 일주일
내내 건강하게 즐겨보세요.

가지두반장볶음

두부강정

연근피클

새우브로콜리전

꽈리고추찜

숙주나물

가지두반장볶음

가지 1개, 돼지고기 다짐육 50g, 식용유 · 두반장 1큰술씩,
간장 · 굴소스 · 식초 · 설탕 · 다진 마늘 1/2큰술씩
고기 밑간 맛술 · 후춧가루 1/2작은술씩

1. 다짐육에 맛술과 후춧가루를 넣어 10분간 밑간한다.
2. 가지는 4등분하고 세로로 6등분씩 자른다.
3. 마른 팬에 가지를 넣고 숨이 죽을 때까지 볶는다.
4. 다른 팬에 식용유를 둘러 다진 마늘을 볶아 향을
   내고 밑간한 다짐육과 ❸의 가지를 넣고 볶는다.
5. 가지가 노릇해지면 두반장, 간장, 굴소스, 식초,
   설탕을 넣고 섞어가며 볶는다.

COOKING TIP

가지는 수분이 많아 마른 팬에 볶아
수분기를 날린 뒤 조리해야 물컹거리지
않아요.

COOKING TIP

숙주는 데친 직후 곧장 찬물에 헹궈야 아삭한
식감이 유지되어요.

숙주나물

숙주 3줌(150g), 쪽파 1뿌리, 참기름 1큰술,
다진 마늘 · 통깨 1/2큰술씩, 소금 1/2작은술,
굵은소금 약간

1. 끓는 물에 굵은소금을 풀어 숙주를 2분간 데친다.
2. 데친 숙주는 바로 찬물에 헹궜다가 체에 밭쳐
   물기를 제거한다.
3. 쪽파는 다듬어 송송 잘게 썬다.
4. 볼에 데친 숙주와 송송 썬 쪽파, 다진 마늘, 통깨,
   참기름을 넣고 버무린 뒤 소금으로 간한다.

꽈리고추찜

꽈리고추 150g, 밀가루 1/3컵
양념 간장 · 고춧가루 · 매실청 1큰술씩, 다진 마늘
1/2큰술, 참기름 1작은술

1. 꽈리고추는 꼭지를 떼고 흐르는 물에 씻어
준비한다.
2. 위생봉지에 밀가루 1/3컵과 손질한 꽈리고추를
넣고 흔들어 밀가루옷을 고루 묻힌다.
3. 김이 오른 찜기에 ❷의 꽈리고추를 올리고
5분간 찐다.
4. 볼에 분량의 재료를 모두 넣고 섞어 양념을
만든다.
5. ❹에 찐 꽈리고추를 넣어 고루 버무린다.

COOKING TIP

찜기가 없다면 전자레인지를 이용하세요. 용기에
밀가루옷을 입힌 꽈리고추를 넣고 랩을 씌운 뒤
구멍내어 2분간 돌려요.

두부강정

두부 1/2모(150g), 튀김가루 3큰술, 전분가루 1큰술,
소금 · 후춧가루 약간씩, 식용유 1컵
양념 케첩 2큰술, 고추장 · 간장 · 맛술 · 올리고당
1큰술씩, 설탕 1/2작은술

1. 두부는 사방 1.5cm 크기로 잘라 키친타월 위에
올려 물기를 제거한 뒤 소금을 살짝 뿌려 간한다.
2. 위생봉지에 튀김가루, 전분가루, 밑간한 두부를
넣고 흔들어 튀김옷을 입힌다.
3. 식용유를 부은 팬에 ❷의 튀김옷 입은 두부를
넣어 노릇노릇하게 튀긴다.
4. 볼에 분량의 재료를 모두 넣고 섞어 양념을
준비한다.
5. 다른 팬에 ❹의 양념을 부어 약한 불로
끓이다가 노릇하게 튀긴 두부를 넣고 섞는다.

COOKING TIP

두부를 튀길 때는 수분 제거가 제일 중요해요.
신경써서 제거해주세요.

새우브로콜리전

칵테일새우(中) 12마리, 브로콜리 1/2개, 양파 1/8개,
식용유 3큰술, 굵은소금 · 후춧가루 약간씩
반죽 달걀 1개, 부침가루 1컵, 물 2/3컵

1. 새우는 후춧가루를 뿌려 밑간하고, 브로콜리는 끓는
물에 굵은소금을 풀어 30초간 데친다.
2. 데친 브로콜리는 찬물에 헹궈 물기를 제거한 뒤
줄기를 뺀 나머지 부분은 잘게 썰고 양파도 잘게 다진다.
3. 볼에 반죽 재료를 넣어 섞고 다진 브로콜리와 양파를
넣어 섞는다.
4. 달군 팬에 식용유를 두르고 숟가락을 이용해 ❸의
반죽을 동글게 올려서 중간 불로 굽는다.
5. ❹ 위에 밑간한 새우를 올려 반죽 윗면이 반 정도
익으면 뒤집는다.
6. 약한 불로 낮춰서 노릇해질 때까지 부친다.

COOKING TIP

브로콜리는 데친 후 즉시 찬물에 담가야
열기로 인한 물러짐이 덜해요.

연근피클

연근 100g, 치자가루 10g
배합초 물 1컵, 설탕 · 식초 1/2컵씩,
피클링스파이스 1큰술

1. 냄비에 물을 1/3가량 채우고 유리병을 뒤집어 넣고
끓여 열탕소독 후 건조시킨다.
2. 연근은 껍질을 벗겨 0.5cm 폭으로 슬라이스한다.
3. 냄비에 배합초 재료를 넣고 끓인다.
4. 소독된 유리병에 손질한 연근과 치자가루를 넣고
끓인 배합초를 부어 뚜껑을 닫는다.
5. 하루 동안 실온보관 후 다음날부터 냉장실에 두고
먹는다.

COOKING TIP

치자가루 외에 비트가루를 이용하면
분홍색의 연근피클을 만들 수 있어요.

전날 저녁 15분 밑작업 + 당일 아침 20분 조리하기

해독 도시락 주반찬 만들기

1일분

해독 도시락의 주재료는 우엉과 연근, 당근, 감자, 양배추예요.
섬유소가 풍부한 뿌리채소와 단백질 보충원인 돼지고기의 매칭도
주목해주세요. 재료의 궁합이 주는 상승효과로 식후에도 몸이 무겁지
않답니다.

감자고추장찌개
전날 저녁 재료를 썰고 디포리와
다시마를 끓여 육수를 낸다.

양배추쌈밥
전날 저녁 볼에 양배추와
물 1/2컵을 넣고 랩을 씌워
구멍낸 뒤 전자레인지에
5분 돌린다.

피망잡채 with 꽃빵
전날 저녁 등심은 1cm
간격으로 잘라 밑간하고,
양념장을 만든다.

양배추롤
전날 저녁 토마토와 양파를
다듬고 양배추를 찐다.

우엉돼지고기말이
전날 저녁 불고기용 고기에 밑간한 뒤
우엉채와 당근채를 넣고 돌돌 만다.

요일별 주반찬 5

영양을 돌돌 말아 한입에

양배추롤

넓은 양배추 잎 5장, 돼지고기 다짐육 100g,
양파 1/6개, 달걀 1/2개, 빵가루 1큰술,
굴소스 1/2큰술, 소금 · 후춧가루 약간씩
소스 토마토 1/2개, 시판 토마토소스 1컵,
물 1/2컵

전날 저녁

1. 양배추는 두꺼운 줄기만 칼로 살짝 도려낸다.
2. 전자렌지용 볼에 양배추를 넣고 랩에 씌어 구멍을 낸 후 5분간
   돌려 익힌다.
3. 양파는 곱게 다지고 소스용 토마토는 적당히 썰어 믹서에 간다.
4. 볼에 다짐육과 다진 양파, 달걀, 빵가루, 굴소스, 소금, 후춧가루를
   섞어 소를 만든다.
5. 도마에 삶은 양배추를 펼치고 그 위에 ❹의 소를 한 숟가락 올려
   돌돌 만다.
6. 냄비에 ❸과 시판 토마토소스, 물을 함께 넣고 끓인다.
7. ❺의 양배추롤을 넣고 눌러붙지 않도록 약한 불에서 15분간
   더 졸인다.

COOKING TIP

크림소스와도 잘 어울려

양배추롤은 크림소스와도
궁합이 좋아요. 생크림 1컵,
샤워크림 3큰술, 치킨스톡
1/3큐브, 물 1/4컵을 섞어
크림소스를 만들어보세요.

얼큰하고 칼칼한 국물

감자고추장찌개

감자 · 청양고추 1/2개씩, 차돌박이 50g,
양파 1/6개, 대파 5cm, 참기름 1큰술,
국간장 1/2큰술, 소금 약간
양념 고추장 1큰술, 고춧가루 · 다진 마늘
1작은술씩, 된장 1/2작은술
다시마 육수 디포리 2마리,
다시마 5×5cm 2장, 물 2컵

전날저녁

1. 냄비에 물과 다시마, 디포리를 넣고 10분간 우려 불에 올린다. 끓기
시작하면 중간 불에서 1분간 더 끓여 불을 끄고 다시마를 건지고 15분 뒤
디포리도 건진다.
2. 감자와 양파는 한입크기로 사방 1.5cm 크기로 깍둑썰고, 청양고추와
대파는 송송 썬다.
3. 냄비에 참기름을 둘러 차돌박이를 볶다가 준비한 감자와 양파를 넣고
조금 더 볶는다.
4. ❸에 다시마 육수를 부어 끓인 뒤 양념 재료를 모두 넣고 더 끓인다.
5. 국간장과 소금으로 간을 맞추고 청양고추와 대파를 넣어 한소끔
끓여낸다.

COOKING TIP

다시마 육수 대신 쌀뜨물

다시마 육수를 내는 게
번거롭다면 쌀뜨물로
대체해요. 쌀뜨물과
어우러진 고추장이 깊은
맛을 내줍니다. 더 진한
맛을 원한다면 고추장을
추가하세요.

밥 대신 꽃빵과 함께

피망잡채

청피망 · 홍피망 · 노란색 파프리카 ·
양파 1/4개씩, 돼지고기 등심 100g,
꽃빵 4개, 식용유 2큰술
고기 밑간 맛술 · 다진 마늘 1작은술씩,
후춧가루 약간
양념 굴소스 2큰술, 간장 · 맛술 · 물 ·
설탕 · 다진 마늘 1큰술씩

전날저녁

1. 돼지고기 등심은 0.5cm 폭으로 썰어 밑간한다.

2. 청피망, 홍피망, 노란색 파프리카, 양파는 모두 0.5cm 폭으로
   채썬다.

3. 분량의 재료를 섞어 양념장을 준비한다.

4. 냄비에 물을 끓여 김이 오른 찜통에 꽃빵을 찐다.

5. 팬에 식용유를 두르고 달군 다음 밑간한 돼지고기 등심을 볶는다.

6. 고기가 어느 정도 익으면 채썬 채소를 넣고 볶다가 양파가
   투명해지면 ❸의 양념을 부어 중간 불에서 볶는다.

COOKING TIP

메밀전병피에 싸 먹어도 맛나

만약 꽃빵이 없다면 메밀가루를
반죽해 만두피처럼 전병피를
만들어 곁들여요. 꽃빵은 튀겨서
연유에 찍어 먹어도 맛나답니다.

맛도 영양도 찰떡궁합

우엉돼지고기말이

우엉 · 당근 1/6개씩, 돼지고기 불고기용
150g, 식용유 1큰술
고기 밑간 소금 · 후춧가루 약간씩
소스 물 4큰술, 간장 · 설탕 2큰술씩,
다진 마늘 1작은술

저녁

1. 돼지고기는 소금과 후춧가루로 밑간한다.

2. 우엉과 당근은 세로 6cm, 가로 0.5cm 크기로 가늘게 채썬다.

3. 달군 팬에 식용유 1큰술을 둘러 채썬 우엉과 당근을 살짝 볶는다.

4. 밑간한 돼지고기를 도마에 넓게 펴고 위에 볶은 우엉과 당근을
7개씩 넣고 돌돌 만다.

5. 냄비에 분량의 소스 재료를 넣고 끓여 반으로 줄 때까지 졸인다.

6. 달군 팬에 ❹의 우엉돼지고기말이를 올려 노릇하게 익힌다.
취향에 따라 소스에 졸여 먹어도 좋다.

COOKING TIP

매콤새콤 소스도 만들어요

간장 베이스 외에도 매콤새콤
소스와도 잘 어울려요. 고추장 ·
케첩 · 굴소스 · 맛술 · 매실청을
모두 1큰술씩 넣고 섞으면
됩니다.

10분이면 뚝딱 만드는

양배추쌈밥

밥 1공기(200g), 양배추 8장
쌈장 된장 1큰술, 고추장 ·
고춧가루 · 다진 마늘 1/2큰술씩,
설탕 1작은술, 통깨 약간

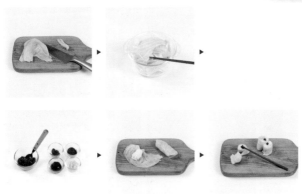

전날저녁

1. 양배추는 칼로 두꺼운 심 부분만 도려낸다.
2. 전자렌지용 볼에 양배추를 넣고 랩에 씌어 구멍을 낸 후 5분간 돌려 익힌다.
3. 볼에 분량의 재료를 모두 넣고 고루 섞어 쌈장을 만든다.
4. 도마에 삶은 양배추를 펼쳐 밥을 가로로 길쭉하게 올려 돌돌 만다.
5. 한입크기로 자른 뒤 양배추쌈 위에 ❸의 쌈장을 조금씩 올려낸다.

COOKING TIP

참치와 다진 향신채로 참치쌈장

양배추 위에 참치쌈장을
올려보세요. 참치 2큰술, 다진
양파 · 다진 대파 1큰술씩, 다진
고추 · 된장 1/2큰술씩, 고추장·
고춧가루 1작은술씩, 다진
마늘· 참기름 1/2작은술씩 섞어
만들어요.

월요일
Monday

흑미밥 ○

양배추롤 ○ ○

숙주나물 ○ ○ ○
가지두반장볶음 ○
용과 ○ ○

부담 많은 월요일에는
부담 없는 양배추 식단

오늘의 도시락

1단 흑미밥
2단 양배추롤
3단 숙주나물+가지두반장볶음+용과

영화 '하와이언 레시피'에서 주인공이 유난히 좋아하던
메뉴, 양배추롤을 기억하시나요? 이번주의 시작은
양배추롤과 함께 합니다. 영화에서는 치킨스톡과
생크림으로 양배추롤을 만들었지만 저는 토마토소스를
이용해봤어요. 부드러우면서도 아삭한 양배추에
고기를 더하니 그 맛도 일품이네요. 완성된 요리에
파슬리가루를 뿌리면 한결 더 먹음직스러워요.
흑미밥에 병아리콩을 올리고, 시원한 숙주나물과
돼지고기를 달달 볶아 감칠맛 나는 가지두반장볶음을
함께 넣습니다.

TIP **1단 도시락 싸기**
양배추롤 2개를 넣고 밥과 반찬을
넣었어요. 빈 공간은 브로콜리 송이를
넣어 반찬들을 고정시켜요.

화요일
Tuesday

햇님프라이밥
ㅇ ㅇㅇ

감자고추장찌개 ㅇ

꽈리고추찜 ㅇ
연근피클

몸 안에 쌓인 독소와 안녕
굿모닝 찌개 도시락

오늘의 도시락

1단 햇님프라이밥
2단 감자고추장찌개
3단 꽈리고추찜+연근피클

화요일은 칼칼한 고추장찌개가 당기는 날이에요.
큰직하게 감자를 썰어 넣고 끓인 고추장찌개는
밥 2공기를 예약하는 '완소' 메뉴지요. 감자는 껍질째
먹으면 바나나의 5.5배에 달하는 섬유질 섭취가
가능하답니다. 손질 시 싹은 물론 독성물질이 함유된
녹색 부분과 씨눈은 모두 제거한 뒤 조리하세요.
고추장찌개에 어울리는 메뉴가 달걀프라이죠. 밥 위에
달걀프라이를 올린 뒤 노른자 위에 김밥용 김을 잘라
귀엽게 눈을 만들고 케첩으로 볼터치를 해주니 보는
내내 기분이 좋네요. 도시락 뚜껑을 열면 절로 웃음이
나오겠죠?

TIP **1단 도시락 싸기**
밥을 주먹밥처럼 모양내 넣고 찌개는
뚜껑을 닫을 수 있는 통에 담아 넣어요.

수요일

Wednesday

피망잡채 with 꽃빵

새우브로콜리전
가지두반장볶음
연근피클

별미 당기는 날
밥 대신 피망잡채 세트

오늘의 도시락

1단 피망잡채 with 꽃빵
2단 새우브로콜리전+가지두반장볶음+연근피클

일주일을 기점으로 피곤함이 정점을 찍는 수요일에는
피로회복의 핵심 간 보호 작전에 돌입합니다. 손상된
간세포의 회복을 돕는 채소, 피망으로 주반찬을
준비했지요. 황산화제인 비타민C, 베타카로틴, 엽산이
풍부한 피망은 보통의 채소들과 달리 조리과정 중에도
비타민C의 손실이 크지 않다고 합니다. 식용유와
궁합이 좋아 기름에 볶아주면 영양의 흡수를 도와주죠.
오늘은 돼지고기와 피망으로 피망잡채를 만들었어요.
꽃빵도 데워서 같이 싸 먹으면 한 끼로 든든해요.
새우브로콜리전과 가지두반장볶음, 치자가루로
색을 입힌 연근피클을 함께 넣어 알록달록한 색감의
도시락을 완성했어요.

TIP **1단 도시락 싸기**
피망잡채와 꽃빵 사이에 연근피클을 넣어
서로 섞이지 않도록 분리했어요.

목요일
Thursday

후리가케밥 ○○

우엉돼지고기말이
with 데리야키소스
○○○

숙주나물 ○○○
새우브로콜리전
두부강정 ○

돼지고기와 우엉의 공조
알카리성 밸런스 맞추기

오늘의 도시락

1단 후리가케밥
2단 우엉돼지고기말이 with 데리야키소스
3단 숙주나물+새우브로콜리전+두부강정

우엉은 모래밭의 산삼이라고 불릴 만큼 맛과 영양이
풍부한 뿌리채소예요. 붓기를 빼는데 효과가 있고
이눌린이 풍부해 당뇨 환자에게도 좋은 식품이죠.
특히 돼지고기와 함께 먹으면 고기의 누린내도 줄고,
돼지고기의 기름 덕에 우엉의 질긴 식감도 덜해 먹기
좋습니다. 오늘 주반찬으로 준비한 우엉돼지고기말이는
데리야키소스를 찍어 먹어도 좋고, 아예 소스에 졸여
먹어도 맛있어요. 밥 위에는 후리가케를 뿌리고 담백한
숙주나물과 새우브로콜리전 그리고 매콤한 두부강정을
함께 즐겨주세요.

TIP **1단 도시락 싸기**
우엉돼지고기말이를 한 줄로 세우고
남은 공간에 밥을 올려요.

금요일

Friday

양배추쌈밥 ◐ ○

두부강정 ○
꽈리고추찜 ○
용과 ◐ ○○

한 주의 마무리
플라워 런치박스

오늘의 도시락

1단+2단 양배추쌈밥
3단 두부강정+꽈리고추찜+용과

어릴 때는 양배추를 좋아하지 않았죠. 밋밋한 게
도저히 무슨 맛인지 몰랐어요. 그런데 이상하게 시간이
지날수록 양배추가 좋아져요. 지금은 양배추샐러드
없는 돈가스, 양배추 없는 오코노미야키는 생각할 수도
없죠. 정말 신기한 건 양배추를 익힐수록, 삶을수록 더
단맛이 난다는 거예요. 지금까지 도시락을 준비하면서
여러 가지 쌈밥을 많이 만들었는데 그중에서 가장
좋아하는 쌈밥이 양배추쌈밥입니다. 도시락 1단과 2단에
함께 넣으니 꽃송이처럼 예뻐요. 쌈장을 살짝 올린 쌈밥
하나만으로도 종일 배가 든든하답니다. 두부강정과
꽈리고추찜, 후식으로 용과를 곁들입니다.

TIP 1단 도시락 싸기
양배추쌈밥을 차례대로 2줄 세워 담고
상추로 섹션을 나눠 남은 밑반찬을
넣어줍니다.

6+WEEK

라이트 도시락

by 콩나물·두부·달걀

재료도, 요리도 가벼운 도시락을 준비해봅니다.
대형마트까지 갈 필요 없이 집앞 슈퍼에서 간단하게 구입
가능한 식재료로 만들어 마음도 가벼워요. 콩나물·두부·
달걀 3총사의 빛나는 활약, 도시락으로 맛나게 즐겨요.

월요일	밥+콩나물불고기+고사리나물+마카로니샐러드+돌나물무침
화요일	아보카도명란비빔밥+실곤약무침+고사리나물+자몽
수요일	스마일치즈밥+두부김치+콩나물냉채+돌나물무침+마카로니샐러드
목요일	풋콩밥+마파두부+얼갈이무침+실곤약무침
금요일	강황쌀밥+돌나물달걀말이+마카로니샐러드+얼갈이무침+콩나물냉채

장보기

장바구니가 가벼운 식단이에요. 어느 집이든 일주일에 한두 번 식탁에 올릴 법한
콩나물과 두부, 달걀이 핵심 재료지요. 냉동실 한켠에 쟁여둔 삼겹살, 다짐육,
명란젓 등도 챙겨봅니다.

Shopping List

핵심 재료 콩나물 1봉지(200g), 두부 1모, 달걀 8개
육류&해산물 대패삼겹살 180g, 돼지고기 다짐육 50g, 명란젓 30g
채소 얼갈이 150g, 삶은 고사리 120g, 돌나물 65g, 오이·양파·청양고추·홍고추 1개씩,
아보카도 1/2개, 대파 10cm
기타 신김치 80g, 실곤약 100g, 통조림 옥수수 1캔(200g), 마카로니 60g, 맛살 4줄
소스 굴소스·된장·레몬즙·마요네즈·머스터드소스·매실청·연겨자

다듬기

마카로니샐러드

콩나물냉채

마파두부

고사리나물

실곤약무침

얼갈이무침

아보카도명란비빔밥

돌나물달걀말이

두부김치

돌나물무침

콩나물불고기

재료가 심플하니 다듬기 과정도 간단해요. 대부분 채소라 씻어
자르는게 전부지요. 부재료로 준비한 대패삼겹살과 다짐육도 밑간 없이
조리해 더욱 편해요.

How to List

〔 밑반찬 재료 다듬기 〕
1 마카로니는 삶고, 콩나물과 실곤약도 각
각 데친다. 2 삶은 고사리는 20분 이상 물
에 담근다. 3 얼갈이는 지저분한 잎을 정리
한다. 4 돌나물은 흐르는 물에 씻어 물기를
제거한다.

〔 주반찬 재료 다듬기 〕
1 두부는 각 요리에 맞춰 먹기 좋은 크기로
자른다. 2 아보카도는 상온에서 후숙시킨다.
3 말이용 달걀은 흰자와 노른자를 분리한다.
4 불기고용 콩나물은 다듬어 씻는다.

라이트 도시락 밑반찬 만들기

2일분

이번주 밑반찬은 무침류 위주예요. 볶거나 졸이는 과정 없이 양념에
가볍게 무쳐 본재료의 맛을 살려주는 반찬들이죠. 기름을 사용하지 않아
맛도 담백하고 부담스럽지 않지요.

실곤약무침

콩나물냉채

고사리나물

얼갈이무침

마카로니샐러드

돌나물무침

돌나물무침

돌나물 2줌(50g)
양념 고추장 · 고춧가루 · 식초 ·
매실청 1/2큰술씩, 참기름 · 설탕 1작은술씩,
다진 마늘 1/2작은술

1. 돌나물은 흐르는 물에 깨끗이 씻어
체에 받쳐 물기를 제거한다.
2. 분량의 재료를 고루 섞어 양념을
만든다.
3. 먹기 직전에 손질한 돌나물과 양념을
가볍게 버무려낸다.

COOKING TIP

돌나물은 깨끗한 물에 담궈 잎이 눌리지 않도록
조심히 2~3번 반복해 씻어주세요.

COOKING TIP

콩나물을 데칠 때는 냄비의 뚜껑을 처음부터
끝까지 열거나 닫아야 콩나물의 비린내가
나지 않아요.

콩나물냉채

콩나물 2줌(100g), 오이 1/6개, 맛살 1줄, 굵은소금 약간
양념 연겨자 · 식초 · 설탕 1/2큰술씩, 레몬즙 1/2작은술

1. 콩나물은 굵은소금을 푼 끓는 물에 뚜껑을 연 채로
2분30초간 데쳤다가 찬물에 헹궈 물기를 뺀다.
2. 오이는 껍질과 씨를 제거해 5cm 길이로 채썰고
맛살은 5cm 길이로 잘라 결대로 찢는다.
3. 볼에 데친 콩나물과 채썬 오이, 맛살을 넣고 모든
양념 재료를 넣고 버무린다.

고사리나물

삶은 고사리 120g, 들기름 2큰술, 국간장
1/2큰술씩, 다진 마늘 1작은술, 소금 약간,
물 2/3컵

1. 삶은 고사리는 흐르는 물에 헹궈 20분 이상
물에 담가둔다.
2. 고사리의 억센 부분은 잘라내고 4cm
크기로 먹기 좋게 손질한다.
3. 팬에 들기름과 다진 마늘, ❷의 고사리와
국간장을 넣고 볶는다.
4. ❸에 물을 붓고 뚜껑을 덮어 약한 불로
고사리를 푹 익힌다.
5. 국물이 자박자박해지면 소금으로 간한다.

COOKING TIP

마른 고사리는 하루 동안 물에 담가 불렸다 조리해야
해요. 불린 고사리는 40분 끓인 후 2시간을 그대로
두었다가 사용합니다.

마카로니샐러드

마카로니 60g, 오이 1/6개(5cm), 맛살 1줄, 통조림
옥수수 1/3컵(50g), 굵은소금 1작은술
소스 마요네즈 2큰술, 머스터드소스 · 설탕 1작은술씩,
레몬즙 1/2작은술

1. 마카로니는 굵은소금을 푼 끓는 물에
숟가락으로 저어가며 12분간 삶는다.
2. 삶은 마카로니는 체에 밭쳐 물기를 제거해
식힌다.
3. 오이는 껍질을 벗겨 가운데 씨를 제외하고 사방
1cm로 썰고, 맛살도 세로로 반 잘라 1cm 폭으로
썬다.
4. 볼에 마카로니, 오이, 맛살, 통조림 옥수수를
넣고 소스 재료를 섞어 넣어 버무린다.

COOKING TIP

다음날 샐러드가 퍽퍽해지면 마요네즈 1/2큰술과
레몬즙 1/2작은술을 넣고 섞어주세요.

실곤약무침

실곤약 100g, 오이 1/6개(5cm), 양파 1/6개,
맛살 2줄, 마요네즈 2큰술, 설탕 · 레몬즙
1/2작은술씩, 식초 1/2큰술(데침용)

1. 실곤약은 끓는 물에 식초를 풀어 2분간
데쳐내고 찬물에 헹궈 물기를 짠다.
2. 오이는 돌려깎아 껍질 부분만 채썰고,
양파는 0.5cm 폭으로 얇게 채썬다.
3. 맛살은 5cm 길이로 잘라 결대로
찢어둔다.
4. 볼에 데친 실곤약과 채썬 오이, 양파, 맛살,
마요네즈, 설탕, 레몬즙을 넣고 버무린다.

COOKING TIP

실곤약을 데칠 때는 꼭 식초를 넣어야 특유의 냄새를
없앨 수 있어요.

얼갈이무침

얼갈이 150g, 된장 1/2큰술, 다진 마늘 1작은술,
참기름 1/2작은술, 통깨 · 굵은소금 약간씩

1. 얼갈이는 밑동을 잘라 지저분한 잎을
정리하고 한 장씩 떼어 씻는다.
2. 얼갈이는 굵은소금을 푼 끓는 물에
줄기부터 넣어 줄기가 말캉해질 때까지
약 1분간 데친다.
3. 데친 얼갈이를 찬물에 빠르게 헹궈 물기를
짜고 4cm 간격으로 자른다.
4. 볼에 얼갈이를 담고 된장, 다진 마늘,
참기름, 통깨 넣어 무친다.

COOKING TIP

얼갈이는 겉절이로 즐기기 좋아요. 고춧가루 · 간장
2큰술씩, 멸치액젓 · 매실액 · 다진 마늘 1큰술씩
섞어주세요.

전날 저녁 15분 밑작업 + 당일 아침 20분 조리하기

라이트 도시락 주반찬 만들기 1일분

콩나물과 두부, 달걀로 일상 도시락 반찬을 만듭니다. 다듬은
콩나물은 검정색 봉지에 담아 밀봉해 냉장보관했다가
당일 아침에 요리하고, 손질한 돌나물도 위생봉지에 담아
냉장보관해 사용하세요.

콩나물불고기
전날 저녁 분량의
재료를 섞어
양념장을 만든다.

아보카도명란비빔밥
전날 저녁 명란젓은
칼을 이용해 껍질과
속을 분리한다.

마파두부
전날 저녁 두부는 사방 1cm로
잘라 데친 후 물기를 뺀다.

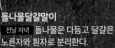

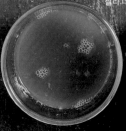

돌나물달걀말이
전날 저녁 돌나물은 다듬고 달걀은
노른자와 흰자로 분리한다.

두부김치
전날 저녁 김치와 양파를
적당한 크기로 썬다.

요일별 주반찬 5

찜처럼 즐기는 콩나물 요리

콩나물불고기

콩나물 2줌(100g), 대패삼겹살 150g,
양파 1/6개, 대파 5cm
양념 진간장 · 고춧가루 · 고추장 2큰술씩,
설탕 1큰술, 청주 · 매실청 · 다진 마늘
1/2큰술씩

전날저녁

1. 콩나물은 뿌리 쪽을 다듬고 흐르는 물에 씻어 체에 밭친다.
2. 양파는 1cm 폭으로 채썰고, 대파는 송송 썬다.
3. 분량의 재료를 모두 섞어 양념을 만들어둔다.
4. 볼에 콩나물과 ❸의 양념장을 넣고 섞는다.
5. 냄비에 ❹를 깔고 채썬 양파와 대패삼겹살을 순서대로 올린다.
6. 냄비 뚜껑을 덮고 중약 불로 익힌다.
7. 콩나물 숨이 죽으면 대파를 넣고 볶기 시작해 다 익을 때까지
   볶는다.

COOKING TIP

**콩나물에서 수분이 나오므로
물은 생략**

국물이 전혀 없어서 퍽퍽할 거라
생각하기 쉽지만 따로 물을 넣지
않아도 콩나물 자체에서 수분이
나와 촉촉하답니다.

세 가지 재료로 빚은 맛

아보카도명란비빔밥

밥 1공기(200g), 아보카도 1/2개,
명란젓 30g, 달걀 1개, 식용유 1큰술,
참기름 1작은술, 통깨 약간

전날 저녁

1. 명란젓 끝을 칼로 자르고 칼등으로 밀어 겉과 속을 분리한다.
2. 아보카도는 씨앗에 칼날이 닿도록 칼집을 넣고 한 바퀴 돌려 서로
   반대 반향으로 비틀어 분리한다.
3. 씨앗을 제거한 아보카도의 껍질과 과육 사이에 숟가락을 넣어 과육만
   따로 분리한다.
4. 아보카도 과육은 0.5cm 폭으로 반달 모양대로 썬다.
5. 팬에 식용유를 두르고 약한 불에서 달걀프라이를 한다.
6. 그릇에 밥을 담고 위에 준비한 아보카도를 예쁘게 담고 명란젓과
   달걀프라이를 올린 뒤 참기름과 통깨로 마무리한다.

COOKING TIP

**레몬즙으로 아보카도
갈변 방지**

아보카도는 쉽게
갈변합니다. 표면에
레몬즙을 뿌려두면 갈변을
늦출 수 있어요.

반찬 걱정 없는 스테디 메뉴

두부김치

두부 2/3모(200g), 신김치 80g,
대패삼겹살 30g, 양파 1/8개,
설탕 · 물 1큰술씩, 고춧가루 · 식용유
1/2큰술씩, 참기름 1작은술

전날저녁

1. 두부는 도시락 사이즈에 맞는 크기로 자른다.

2. 신김치는 3cm 폭으로 자르고, 양파는 1cm 폭으로 채썬다.

3. 자른 두부는 끓는 물에 넣어 2분간 데친다.

4. 팬에 식용유를 둘러 신김치, 설탕을 넣어 중약 불에서 볶는다.

5. 다른 팬에 대패삼겹살을 넣고 볶는다.

6. 고기가 반쯤 익으면 채썬 양파와 볶은 김치를 올려 볶는다.

7. 볶을수록 김치의 색이 옅어지는데 이때 고춧가루와 물을 넣고
원하는 식감이 될 때까지 볶는다.

8. 불을 약한 불로 줄이고 참기름을 둘러 마무리한다.

COOKING TIP

삼겹살 대신 참치를 넣어도 맛나

김치볶음에 기름을 뺀 참치를
넣어도 맛있어요. 너무
많이 들어가면 퍽퍽해질 수
있으니 김치 양의 1/3 정도만
넣어주세요.

밥 한 그릇 뚝딱

마파두부

두부 1/3모(100g), 돼지고기 다짐육 50g,
양파 1/6개, 청양고추 · 홍고추 1/2개씩,
대파 5cm, 고춧가루 2큰술,
식용유 1큰술, 다진 마늘 1/2큰술, 물 1컵
양념 간장 1과1/2큰술, 굴소스 · 고추장 ·
설탕 1큰술씩, 된장 1/2큰술, 후춧가루 약간
녹말물 녹말가루 1/2큰술, 물 1큰술

전날 저녁

1. 두부는 사방 1cm 크기로 깍둑썰고, 대파는 송송 썬다.
2. 양파는 사방 0.5cm 크기로 잘게 썰고 청양고추와 홍고추도 잘게 다진다.
3. 냄비에 물과 깍둑썬 두부를 넣고 물이 끓기 시작하면 1분간 데쳐 물기를 제거한다.
4. 분량의 재료를 섞어 양념을 따로 준비한다.
5. 달군 팬에 식용유를 둘러 송송 썬 대파와 다진 마늘을 중간 불에서 볶다가 잘게 썬 양파도 넣어 볶는다.
6. 양파가 투명해지면 다짐육과 고춧가루를 넣고 볶는다.
7. 데친 두부와 다진 청양고추와 홍고추, 양념, 물을 더해 넣고 끓인다.
8. 보글보글 끓어오르면 녹말물을 풀어 넣고 걸쭉하게 만든다.

COOKING TIP

두반장을 넣어도 맛나

마파두부는 두반장을
이용해 만들어도
맛있어요. 소스는 두반장
2큰술, 굴소스 · 고춧가루
· 맛술 · 설탕 1큰술씩,
후춧가루 약간을 섞어
만들어요.

초록으로 물들은 달걀

돌나물달걀말이

돌나물 1/2줌(15g), 달걀 7개
식용유 1큰술, 소금 약간

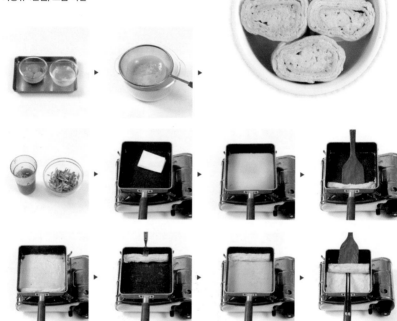

전날 저녁

1. 돌나물은 잎만 떼고 달걀 3개는 노른자, 흰자를 분리해 준비한다.

2. 노른자 볼에 남은 달걀 4개와 소금을 섞어 체에 걸러 알끈을 제거한다.

3. 돌나물 잎은 씻어 물기를 제거한 뒤 믹서에 ❶의 흰자와 함께 넣고 간다.

4. 키친타월에 식용유를 묻혀 팬을 골고루 닦는다.

5. 팬에 ❸을 얇게 펼쳐 약한 불에서 서서히 익히고 윗면이 조금 익어갈 때쯤 돌돌 말아 팬 가장자리로 몰아놓는다.

6. 키친타월에 식용유를 묻혀 팬을 한 번 닦고 남은 ❸을 펼쳐 말이로 만든다.

7. ❸을 모두 사용하면 가장자리에 두고, 남은 공간에 ❷를 ❺의 과정을 반복해 달걀말이를 완성한다.

8. 따뜻한 상태에서 김발을 이용해 사각모양을 잡아 썬다.

COOKING TIP

돌나물 대신 시금치나 매생이 활용

돌나물은 제철인 봄이 아니면 구하기가 힘들죠. 그럴 땐 시금치나 매생이 등으로 색감을 내주세요.

월요일
Monday

밥 ○

콩나물불고기 ○ ○

고사리나물 ○
마카로니샐러드 ○ ○ ○
돌나물무침 ○

강한 맛 vs 심심한 맛
월요일의 컬러 밸런스

오늘의 도시락

1단 밥
2단 콩나물불고기
3단 고사리나물+마카로니샐러드+돌나물무침

주말의 여운이 남아 있는 월요일, 매콤한 메뉴로
시작해요. 오늘은 저렴한 가격에 풍부한 섬유소로
인기 있는 콩나물로 색다른 요리를 만들었어요.
콩나물에 대패삼겹살을 더해 만든 콩나물불고기
일명 '콩불'입니다. 아삭한 콩나물과 맛있는 고기가
매콤한 양념과 어우러져 그 맛이 좋지요. 콩나물은
저칼로리면서 아스파라긴산이 함유되어 피로회복과
숙취제거에 효과적이라 월요일에 쌓인 피로를 풀기에
좋아요. 주반찬이 칼칼한 대신 밑반찬은 입안을
정리해줄 심심한 고사리나물과 마카로니샐러드로
세팅했어요.

TIP 1단 도시락 싸기
밥과 양념이 적은 고사리나물을 같이
담고, 남은 칸에 양념이 들어간 메뉴를
각각 담아요.

화요일

Tuesday

아보카도명란비빔밥 ○○ ○

실곤약무침 ○○○
고사리나물 ○
자몽 ○

러브 아보카도
하트 메시지 도시락

오늘의 도시락

1단 아보카도명란비빔밥
2단 실곤약무침+고사리나물+자몽

풍부한 미네랄과 비타민, 불포화지방산 함유로
다이어터에게 인기 있는 아보카도는 모양내기가
편해 도시락에서 자주 활용하는 식재료예요. 오늘은
아보카도로 러블리한 하트를 만들어봤어요. 흰밥을
도시락에 담고 꽃달걀프라이를 큼직하게 올린 뒤
오늘의 주인공 아보카도를 예쁘게 썰어서 하트
모양으로 잡아주었죠. 가운데에 명란젓만 올리면
아보카도명란비빔밥이 완성됩니다. 간은 명란젓의
양으로 조절해 드세요.

TIP 1단 도시락 싸기
가장자리에 아보카도를 담고
달걀프라이를 얹은 밥과 반찬으로
고정시켜요.

수요일
Wednesday

스마일치즈밥 ○ ○

두부김치 ○ ○ ○ ○

콩나물냉채 ○ ○
돌나물무침 ○
마카로니샐러드 ○ ○ ○

오늘 하루도 파이팅
스마일 해피 타임

오늘의 도시락

1단 스마일치즈밥
2단 두부김치
3단 콩나물냉채+돌나물무침+마카로니샐러드

'밭에서 나는 소고기'라 불리는 콩. 그중에서도 두부는
콩으로 만든 가장 대중적인 가공품이죠. 칼슘 함량이
높아 뼈 건강에도 좋고 레시틴이라는 성분이 두뇌
발달에 도움을 줍니다. 혈중 콜레스테롤도 낮춰주니
우리집 식탁에 꼭 챙겨야 할 식재료예요. 슬슬 입맛도
떨어지는 한주의 중반 수요일, 두부김치로 영양을
보충해요. 톡 쏘는 콩나물냉채와 맛있는 돌나물무침도
입맛 회복에 좋아요. '오늘도 힘내자'는 의미로 밥
위에 치즈를 올리고 조미김을 잘라붙여 웃는 얼굴을
그렸어요.

TIP **1단 도시락 싸기**
스마일치즈밥을 담은 뒤 두부와
김치볶음을 각각 담았어요. 김치볶음은
랩으로 감싸 새지 않도록 했어요.

목요일
Thursday

풋콩밥 ○○

마파두부 ○○

얼갈이무침 ○
실곤약무침 ○○○

뜨끈한 밥에 쓱싹쓱싹
두부로 만든 일품요리

오늘의 도시락

1단   풋콩밥
2단   마파두부
3단   얼갈이무침+실곤약무침

우리집 냉장고에서 떨어지지 않는 식재료 중 하나가
두부예요. 찌개부터 구이, 조림 등 할 수 있는 요리도
무궁무진하죠. 그중 제일 좋아하는 요리가 중국
사천지방의 대표 메뉴인 마파두부입니다. 돼지고기에
고추, 파 등을 넣어 향을 내 매우면서도 달콤한 맛을
내지요. 뜨끈한 밥에 비벼 먹으면 반찬 걱정 없는
한 그릇 요리예요. 도시락으로 쌀 때는 덮밥으로 함께
넣기보다 밥과 마파두부를 각각 넣는 게 좋아요.
밑반찬은 얼갈이무침과 실곤약무침을 함께 곁들었어요.

TIP **1단 도시락 싸기**
얼갈이무침으로 섹션을 나누고 소스통에
실곤약무침을 넣었어요. 나머지 공간에
마파두부를 담아요.

금요일
Friday

강황쌀밥

돌나물달걀말이 ○

마카로니샐러드 ○ ○○
얼갈이무침 ○
콩나물냉채 ○○

달걀말이계의 히어로
알록달록 도시락 스타

오늘의 도시락

1단 강황쌀밥
2단 돌나물달걀말이
3단 마카로니샐러드+얼갈이무침+콩나물냉채

완전식품 달걀로 가장 자주 해먹는 요리가 달걀말이죠.
매번 똑같은 레시피대로 하려니 질리기도 해요. 그런데
조금만 달리 생각하면 만드는 방법이 무궁무진한
게 또 달걀말이입니다. 돌나물달걀말이는 돌나물과
달걀흰자를 함께 갈아 색을 내어 만드는데 돌나물만
다른 재료로 바꾸면 달걀말이 색도 마음대로 바꿀 수
있죠. 도시락에 담으면 알록달록 컬러감이 도시락의
비주얼을 살려줍니다. 마카로니샐러드와 상큼한
콩나물냉채, 얼갈이무침을 함께 넣어요.

TIP **1단 도시락 싸기**
깻잎을 깔고 그 위에 밥을 올려
칸을 나눴어요. 남은 공간에 반찬을
꼼꼼히 넣습니다.

7+WEEK

퀵 도시락

by 인스턴트 식품

유난히 바쁜 주말이 있지요. 마트는커녕
동네슈퍼 문 닫을 시간까지 장보기를 놓쳐버린 주말.
이럴 때는 퀵 도시락을 준비합니다. 주방 어딘가의 스팸,
참치 등의 캔과 냉동실 안쪽에 켜켜이 들어 있는
냉동식품이 퀵 도시락의 주재료입니다.
집에서 만드는 편의점 도시락이에요.

월요일	탕수만두+참치김치볶음+블루베리
화요일	돈가스덮밥+코울슬로+매콤어묵볶음+블루베리
수요일	후리가케밥+스팸카츠+하트맛살전+참치김치볶음+오믈렛
목요일	병아리콩밥+김말이떡강정+오믈렛+하트맛살전
금요일	클로렐라밥+소시지채소볶음+매콤어묵볶음+코울슬로+김무침

장보기

퀵 도시락의 핵심 재료는 편의점에서도 쉽게 구입할 수 있죠. 하지만 편의점에서
장보기를 해야 할 때는 꼭 필요한 만큼만 구입합니다. 냉장고를 탈탈 털어 가능한
집에 있던 재료부터 모두 사용해요.

Shopping List

핵심 재료 스팸 1캔(200g), 참치 1/2캔(40g), 소시지 1봉지(20~25개), 어묵 100g, 냉동 돈가스 1장, 냉동 김말이 8개, 냉동 물만두 15개

채소&과일 양배추 슬라이스 80g 블루베리 50g 파인애플 20g 양파 · 빨간색 파프리카 · 노란색 파프리카 1개씩

기타 신김치 100g 맛살 6줄, 달걀 6개, 가래떡 1줄, 조미김 4봉지, 밀가루 · 빵가루 적당량씩

소스 굴소스 · 다진 피클 · 레몬즙 · 마요네즈 · 매실청 · 머스터드소스 · 우유 · 핫소스 · 케첩

밑반찬 일요일 저녁 30분 + 주반찬 전날 저녁 10분

다듬기

코울슬로

참치김치볶음

매콤어묵볶음

돈가스덮밥

오믈렛

하트맛살전

김무침

소시지채소볶음

스팸카츠

탕수만두

김말이떡강정

인스턴트 식품은 조리 전 단계가 중요해요. 체에 밭치거나 끓는 물에 살짝 데쳐 기름기와 소금기를 없애줍니다. 냉동식품은 아침에 곧장 조리할 수 있도록 전날 밤에 냉장실로 옮겨 놓아요. 최상의 맛을 내는 비결이에요.

How to List

〔 밑반찬 재료 다듬기 〕
1 코울슬로와 오믈렛 재료는 모두 작게 썬다.
2 참치는 체에 밭쳐 기름기를 제거한다. 3 어묵은 끓는 물에 살짝 데쳐 먹기 좋게 자른다.
4 맛살은 세로로 반 갈라 2등분한다. 5 조미김은 위생봉지에 넣어 잘게 부순다.

〔 주반찬 재료 다듬기 〕
1 냉동 돈가스, 냉동 김말이, 냉동 물만두는 모두 냉장실로 옮겨 해동한다. 2 소시지는 칼집을 넣고, 스팸은 3등분한다. 3 소시지볶음용과 탕수용 채소는 사각모양으로 썰고, 덮밥용 채소는 얇게 슬라이스한다.

퀵 도시락 밑반찬 만들기 2일분

어묵과 맛살, 소시지… 우리집 냉장고에 떨어질
틈이 없는 식재료예요. 색다른 맛이 아니라도
도시락 밑반찬용 재료로 더없이 좋지요. 볶음과
무침, 전으로 반찬을 만들었어요.

하트맛살전

김무침

참치김치볶음

코울슬로

오믈렛

매콤어묵볶음

오믈렛

달걀 3개, 양파 · 빨간색 파프리카 1/8개씩, 비엔나소시지
2개, 식용유 2큰술, 우유 1큰술, 소금 한 꼬집

1. 볼에 달걀과 우유, 소금을 넣고 섞은 뒤 체에 걸러
알끈을 제거한다.
2. 양파와 파프리카, 소시지는 잘게 다진다.
3. 팬에 식용유를 두르고 달구어 ②의 다진 채소를
넣고 중간 불에서 볶는다.
4. 채소가 반쯤 익으면 약한 불로 낮추고 ①의
달걀물을 모두 붓는다.
5. 달걀이 몽글몽글해질 때까지 젓가락으로 원을 만들
듯 마구 젓는다.
6. 몽글몽글 뭉치기 시작하면 팬을 45℃로 기울여
한쪽으로 말아 럭비공 모양으로 만든다.

COOKING TIP

채소의 양이 너무 많으면 모양잡기가 쉽지
않으니 조금씩 양을 조절해서 만드세요.

하트맛살전

맛살 5줄, 달걀 1개, 쪽파 1뿌리, 식용유 3큰술, 소금
한 꼬집

1. 맛살은 세로로 반갈라 2등분하고 쪽파는 송송 썬다.
2. 2등분한 맛살을 꼬치에 끼워 하트모양으로 만든다.
3. 달걀, 송송 썬 쪽파, 소금을 섞어 달걀물을 만든다.
4. 달군 팬에 식용유를 둘러 약한 불에서 ②의
하트모양 맛살을 올린다.
5. 달걀물 한 수저씩 떠서 ④의 하트 공간에 채워
넣는다.
6. 윗부분 달걀물에 투명한 막이 생기면 뒤집어서
30초간 익혀낸다.

COOKING TIP

맛살을 하트모양으로 고정시킬 때 꼬치나
이쑤시개를 활용해요.

매콤어묵볶음

어묵 100g, 양파 1/6개, 식용유 1큰술,
고추장 · 간장 · 물엿 · 올리고당 ·
다진 마늘 1/2큰술씩, 참기름 1/2작은술

1. 어묵은 끓는 물에 살짝 데쳐 6×1cm 크기로
썬다.
2. 양파는 0.5cm 폭으로 얇게 채썬다.
3. 달군 팬에 식용유를 두르고 준비한 어묵과
양파를 넣어 중간 불에서 볶는다.
4. 양파가 투명해지면 남은 양념 재료를 모두 넣고
함께 볶아낸다.

COOKING TIP

소스를 바꿔 간장어묵볶음으로 만들어보세요.
양조간장 1큰술, 굴소스 · 맛술 · 설탕 · 물엿
1/2큰술씩, 참기름 1작은술을 섞어 사용해요.

참치김치볶음

참치 1/2캔(40g), 신김치 100g, 식용유 · 물 1큰술씩,
고춧가루 · 설탕 · 참기름 1/2큰술씩

1. 참치를 체에 밭쳐 기름을 반만 버린다.
2. 신김치는 속을 털어내어 2cm 폭으로 썬다.
3. 팬에 식용유를 둘러 준비한 신김치와 설탕을 넣고
중간 불에서 볶는다.
4. ❸의 김치색이 연해지면 ❶의 참치와 고춧가루를
넣고 볶는다.
5. 물 1큰술을 넣어 원하는 식감이 될 때까지 김치를
볶는다.
6. 숨이 죽으면 참기름을 둘러 10초간 더 볶아낸다.

COOKING TIP

아이용 반찬이라면 김치를 한 번 씻어 넣고
양념에서 고춧가루를 빼고 만드세요.

김무침

조미김 4봉지, 맛간장 · 올리고당 · 참기름 1큰술씩

1. 조미김은 2~3번 흔들어 소금을 털어내고
위생봉지에 넣고 부순다.
2. 볼에 맛간장, 올리고당, 참기름을 넣고 섞는다.
3. ❶에 ❷의 양념을 조금씩 넣어 버무린다.
4. 기호에 따라 쪽파 또는 견과류를 넣어도 좋다.

COOKING TIP

기름을 두르지 않은 팬에 생김을 구워 무쳐도
맛있어요. 이때는 소금 한 꼬집을 추가해야 간이
맞아요.

코울슬로

양배추 슬라이스 80g, 빨간색 파프리카 ·
노란색 파프리카 · 양파 1/6개씩, 맛살 1줄
소스 마요네즈 2큰술, 머스터드소스 1작은술,
레몬즙 · 설탕 1/2작은술씩, 후춧가루 약간

1. 양배추 슬라이스를 2cm 폭으로 잘라 찬물에
헹구어 물기를 턴다.
2. 파프리카, 양파, 맛살은 사방 1cm 크기로 썬다.
3. 분량의 재료를 섞어 소스를 만든다.
4. 볼에 준비한 양배추, 파프리카, 양파, 맛살을 넣고
소스를 더해 버무린다.

COOKING TIP

코울슬로를 모닝빵 안에 가득 넣어
샌드위치처럼 즐겨도 맛나요.

전날 저녁 15분 밑작업 + 당일 아침 20분 조리하기.

퀵 도시락 주반찬 만들기

1일분

냉동식품, 가공식품은 대부분 반조리 상태라 조리시간이
짧습니다. 전날 밤 해동해 당일 아침 볶거나 구워내면
되지요. 다소 느끼하게 느껴질 수 있으니 기름기 제거에
신경을 써주세요.

김말이떡강정 전날 저녁 냉동 김말이는
해동하고 떡을 썰고
소스를 만든다.

소시지채소볶음 전날 저녁 소시지에 칼집을
내고 채소를 썬다.

스팸카츠 전날 저녁 튀김옷을 만들어
스팸에 옷을 입힌다.

돈가스덮밥 전날 저녁 육수와 소스를
만들고 냉동 돈가스를
해동한다.

탕수만두 전날 저녁 냉동 만두는 자연해동한다.

요일별 주반찬 5

냉동 만두로 만드는 탕수육

탕수만두

냉동 물만두 15개, 파인애플 20g, 양파·빨간색
파프리카 1/6개씩, 식용유 1/2컵
탕수소스 설탕 4큰술, 간장·식초 2큰술씩, 물 1컵
녹말물 전분가루 1/2큰술, 물 1큰술

전날저녁

1. 냉동 물만두는 전날 밤 냉장실로 옮겨 해동한다.
2. 파인애플과 양파, 파프리카는 사방 2cm 크기로 자른다.
3. 녹말물을 만들고, 분량의 재료를 섞어 탕수소스를 준비한다.
4. 팬에 식용유를 부어 달구어지면 물만두를 넣어 노릇하게 튀긴다.
5. 달군 팬에 식용유를 두르고 ❷의 과일과 채소를 넣어 볶는다.
6. 양파가 투명해지면 탕수소스를 넣고 중간 불에서 끓인다.
7. 끓어오르면 준비한 녹말물을 조금씩 넣어가며 농도를 맞춰
   소스를 완성해 튀긴 만두와 곁들인다.

COOKING TIP

냉동 만두는 약한 불에서 튀겨야

해동한 냉동 만두를 곧장 튀기면
기름이 엄청 튀어요. 팬은
살짝만 달구고, 불세기는 약한
불로 조절한 뒤 만두를 하나씩
넣고 천천히 앞뒤로 굴려가며
구워주세요.

바삭하면서도 부드러운

돈가스덮밥

밥 1공기(200g), 냉동 돈가스 1장,
달걀 1개, 양파 1/6개, 식용유 2컵
소스 쯔유 1/4컵, 설탕 1큰술, 물 1/2컵

전날 저녁

1. 냉동 돈가스는 전날 밤 냉장실로 옮겨 해동한다.

2. 양파는 0.5cm 폭으로 채썬다.

3. 팬에 식용유를 붓고 달구어 나무 젓가락을 넣었을 때 뽀글뽀글 거품이
올라오면 ❶의 돈가스를 넣고 튀긴다.

4. 돈가스가 노릇해지면 키친타월에 올려 기름기를 제거하고 2cm
폭으로 썬다.

5. 냄비에 물, 쯔유, 설탕, 채썬 양파를 넣고 끓인다.

6. 끓어오르면 달걀을 풀어 빙 두르고 젓가락으로 한 번 저은 후 불을
끄고 잔열로 익힌다.

7. 그릇에 밥을 담고 돈가스를 가운데로 올리고 ❻의 소스를 담는다.

COOKING TIP

쯔유가 없다면~

집에 쯔유가 있다면 간장
3큰술, 설탕 1큰술, 물
7큰술을 섞어 덮밥소스를
만들 수 있어요.

172

튀김으로 즐기는 스팸의 매력

스팸카츠

스팸 200g, 달걀 1개, 밀가루1/2컵,
빵가루 1컵, 식용유 2컵
타르타르소스 마요네즈 2큰술,
다진 양파 · 다진 피클 1/2큰술씩,
머스터드소스 · 꿀 1작은술씩,
레몬즙 1/2작은술, 파슬리 약간

전날
저녁

1. 통조림에서 스팸을 꺼내 옆으로 세워 3등분 한다.
2. 달걀을 풀어 달걀물을 만든다.
3. ❶의 스팸을 밀가루 ⋯→ 달걀물 ⋯→ 빵가루 순으로 옷을 입힌다.
4. 분량의 재료를 섞어 타르타르소스를 만든다.
5. 팬에 식용유를 둘러 달군 뒤 빵가루를 떨어뜨려 올라오면 ❸을
   넣고 튀긴다.
6. 스팸 튀김이 노릇해지면 체에 건져 식힌 후 2차로 한 번 더 튀겨
   준비한 타르타르소스와 곁들여낸다.

COOKING TIP

어떤 소스와도 잘 어울려

스팸카츠는 돈가스소스,
머스터드소스 등의 소스와도
어울립니다. 준비한 소스 외에도
다양한 소스와 곁들여보세요.

김말이와 가래떡의 만남

김말이떡강정

냉동 김말이 8개, 가래떡 1줄, 식용유 2컵
양념 물 2큰술, 물엿 1큰술, 고추장 · 케첩 ·
간장 1큰술씩, 설탕 · 다진 마늘 1/2큰술씩

전날저녁

1. 냉동 김말이는 전날 밤 냉장실로 옮겨 해동한다.
2. 가래떡을 2cm 간격으로 썬다.
3. 분량의 재료를 섞어 양념장을 만든다.
4. 팬에 식용유를 붓고 달구어 김말이와 가래떡을 넣고 중간 불에서
   노릇하게 튀긴다.
5. 다른 팬에 ❸의 양념을 넣고 약한 불에서 살짝 끓인다.
6. 튀긴 김말이와 가래떡을 넣고 약한 불에서 10초간 버무린다.

COOKING TIP

**한 번 튀겼다가 소스에
버무려야 바삭**

김말이와 가래떡을 처음부터
소스에 버무리지 마세요. 반드시
한 번 튀겼다가 버무려야
바삭함이 유지되어 맛있답니다.

케첩과 핫소스로 맛낸 소시지볶음

소시지채소볶음

소시지 20개, 빨간색 파프리카 ·
노란색 파프리카 · 양파 1/6개씩,
케첩 2큰술, 올리고당 · 식용유
1큰술씩, 굴소스 1/2큰술, 핫소스
1/2작은술

전달저녁

1. 파프리카와 양파는 사방 2cm 크기로 썬다.

2. 소시지는 과도를 이용해 가늘게 칼집을 여러 개 낸다.

3. 끓는 물에 칼집 낸 소시지를 넣고 30초간 데친다.

4. 달군 팬에 식용유를 두르고 사방썬 파프리카와 양파를 넣고 중간
불에서 볶는다.

5. 양파가 투명해지면 데친 소시지와 케첩, 올리고당, 굴소스,
핫소스를 더해 중간 불에서 한 번 더 볶아낸다.

COOKING TIP

**소시지 칼집은 45℃로
기울여 넣기**

소시지에 칼집을 넣을 때는
과도를 45℃로 기울여야 작업이
수월해요. 칼집낸 뒤 끓는 물에
데치면 소시지 모양이 예뻐져요.

월요일

Monday

탕수만두 ○ ○　○　　　　　　　참치김치볶음 ○
블루베리 ○

분식처럼 즐기는
초간단 탕수육 세트

오늘의 도시락　　　**1단+2단**　탕수만두(만두튀김+탕수소스)
　　　　　　　　　　　3단　참치김치볶음+블루베리

군만두, 김치만두, 왕만두, 물만두, 납작만두… 어느
집 냉동실이든 냉동 만두 하나씩은 있기 마련이죠.
우리집도 예외는 아니에요. 그중 물만두는 탕수만두를
만들어 먹기 좋답니다. 크기도 작아 한입에 먹기
편해요. 새콤달콤 탕수소스에 찍어 먹으면 밥 반찬은
물론 아이들 간식으로도 제격이죠. 혼자 탕수육을 시켜
먹기가 너무 부담스러울 때 적극 강추하는 메뉴입니다.
탕수소스에 부어 먹어도, 찍어 먹어도 맛있어요.
밑반찬은 탕수만두의 기름기를 잡아줄 참치김치볶음을
곁들이고 디저트로 블루베리를 함께 넣었습니다.

TIP **1단 도시락 싸기**
유산지로 튀김만두를 싸고 2개의
소스통에 각각 탕수소스와 디저트를
넣었어요.

화요일
Tuesday

돈가스덮밥 ○ ○ ○

코울슬로 ○ ○
매콤어묵볶음 ○
블루베리 ○

바삭하고 촉촉하게
든든한 한 그릇 덮밥 식단

오늘의 도시락

1단 돈가스덮밥
2단 코울슬로+매콤어묵볶음+블루베리

항상 바삭한 돈가스만 고집하다 우연히 돈가스덮밥을
맛보고 바삭하면서도 촉촉한 그 맛에 반해버렸죠.
이후 일본여행에서 가츠동을 맛보고는 감탄 또 감탄을
했답니다. 입안에 부드럽게 감기는 달걀과 짭조름한
소스가 밥에 비벼 먹기에 안성맞춤이지요. 그 맛을
떠올리며 만든 메뉴예요. 돈가스덮밥을 준비한 날에는
널찍한 찬합형 도시락에 넣습니다. 바닥에 밥을 깔고
돈가스를 먹기 좋게 올린 뒤 달걀을 풀어 넣은 소스를
테두리에 담아요. 상큼한 코울슬로와 매콤어묵볶음,
새콤달콤 블루베리까지, 덮밥과 어울리는 밑반찬도
함께 챙겨요.

TIP **1단 도시락 싸기**
소스가 있는 일품요리와 반찬을 함께 담을
때는 유산지나 소스통을 활용하세요.

수요일

Wednesday

후리가케밥 ⊙ ○

스팸카츠
with 타르타르소스
○ ○ ○

하트맛살전 ⊙
참치김치볶음 ⊙
오믈렛

맛살 하나로 행복한
두근두근 스위트 박스

오늘의 도시락

1단 후리가케밥
2단 스팸카츠 with 타르타르소스
3단 하트맛살전+참치김치볶음+오믈렛

명절이면 빠지지 않고 들어오는 선물이 스팸 세트죠.
딱히 별다른 조리법이 없어 늘 구워 먹기만 하다가
새롭게 발견한 메뉴가 스팸카츠예요. 튀김옷을
입혀 튀겼을 뿐인데 신기하게도 그 맛이 색달라요.
도시락 반찬은 물론 맥주안주로도 딱이지요.
케첩이나 머스터드소스와도 잘 어울리는데, 오늘은
타르타르소스를 준비했어요. 밥 위에 후리가케를 팍팍
뿌리고, 하트맛살전과 참치김치볶음, 오믈렛을 함께
담습니다. 사랑의 메신저 같은 애교만점 하트맛살전이
한 주의 피곤함을 잊게 해줄 거예요.

TIP **1단 도시락 싸기**
밥 위에 후리가케를 뿌린 뒤 스팸카츠를
벽처럼 세웠어요. 하트맛살전은 밥 위에
장식처럼 얹어줍니다.

목요일

Thursday

병아리콩밥 ○

김말이떡강정 ○

오믈렛
하트맛살전 ○

주말이 기다려지는 맛
휴게소 완소 메뉴

오늘의 도시락

1단 병아리콩밥
2단 김말이떡강정
3단 오믈렛+하트맛살전

요즘 휴게소에서 '소떡소떡'이라는 메뉴가 인기지요.
'소시지-떡볶이떡-소시지-떡볶이떡'의 줄임말로
소시지와 떡볶이를 꼬치에 하나씩 번갈아가며 끼운
메뉴예요. 비슷하면서도 다른 '김떡김떡'도 맛있답니다.
김말이와 가래떡을 하나씩 꼬치에 끼워 매콤달콤한
고추장 소스에 버무리는데 김말이 속 당면이 매콤한
소스와 만나 더욱 맛있어요. 함께 준비하는 밑반찬은
하트맛살전과 오믈렛이에요. 특히 오믈렛은 호텔
조식을 도시락으로 먹는 듯한 착각을 불러일으키는
메뉴랍니다.

TIP **1단 도시락 싸기**
옛날도시락에 밥, 하트맛살전, 김말이를
차례대로 줄 세워서 넣어요.

금요일
Friday

클로렐라밥 ○○

소시지채소볶음 ○○

매콤어묵볶음 ○
코울슬로 ○○
김무침 ○

특급 인기 메뉴 등판
넘버원 도시락

오늘의 도시락

1단 클로렐라밥
2단 소시지채소볶음
3단 매콤어묵볶음+코울슬로+김무침

제일 좋아하고 자신 있는 메뉴 중에 하나가
소시지채소볶음이에요. 어린 아이부터 어른까지 모두가
좋아하는 밥반찬이죠. 스리도시락으로 선보인 메뉴 중
가장 많은 '좋아요'를 받은 반찬이기도 해요.
별다를 거 없는 메뉴지만 나만의 팁이 있다면 소시지에
칼집을 '가늘고 많이' 넣는 거예요. 케첩과 핫소스로
만든 소스가 소시지의 느끼한 맛을 잡아주지요.
클로렐라쌀로 초록 물을 들인 밥도 특별해요.

TIP **1단 도시락 싸기**
소시지채소볶음을 세로로 가운데
자리잡고 오른쪽에는 밥을 넣고, 왼쪽에는
밑반찬을 차례대로 담았어요.

8+WEEK

별미 도시락

by 빵·면

도시락 메뉴가 '다 거기서 거기'라는 생각이 들 때가 있죠.
그럴 때는 여행지에서 맛봤던 음식들을 떠올려봅니다.
기억 속의 '맛'을 꺼내 도시락 메뉴로 변신시켰어요. 그중
자신 있고 좋아하는 메뉴들로 준비했습니다.

월요일	떠먹는 피자+오이피클+고구마맛탕+꽃맛살샐러드
화요일	비프파이타+과카몰리+사워크림+살사소스
수요일	냉메밀+고구마맛탕+치자단무지무침+키위
목요일	샐러드우동+팝콘치킨강정+치자단무지무침+바질페스토파스타
금요일	타마고샌드위치+바질페스토파스타+꽃맛살샐러드+오이피클+팝콘치킨강정

장보기

별미 식단의 장보기 핵심 재료는 빵과 면이에요. 밑반찬도 파스타, 샐러드, 피클
등이지요. 평소 간식용으로 구입하는 식재료를 오늘은 주재료로 준비해봅니다.
다양한 소스도 갖춰야 할 재료들 중 하나예요.

Shopping List

핵심 재료 식빵 4장, 메밀국수 130g, 우동사리 1봉지, 푸실리 150g, 토르디아 2장
채소 고구마 100g, 양상추 1/4통, 무 20g, 오이 · 양파 · 빨간색 파프리카 · 노란색 파프리카 ·
청피망 1개씩, 쪽파 3줄기, 마늘 6쪽, 무순 약간
육류&해산물 소고기 안창살 100g 냉동 새우 12마리
기타 꽃맛살 · 치자단무지 1팩씩, 냉동 팝콘치킨 · 모짜렐라치즈 100g씩, 비엔나소시지 6개,
통조림 옥수수 1캔(200g), 달걀 6개, 가래떡 10cm, 다시마 5×5cm 2장, 우유 적당량
소스 가츠오부시 · 고추냉이 · 딸기잼 · 레몬즙 · 마요네즈 · 머스터드소스 · 매실청 · 바질페스
토 · 버터 · 사워크림 · 핫소스 · 케첩 · 토마토소스 · 파마산 치즈가루 · 피클링스파이스

다듬기

샐러드우동

냉메밀

바질페스토
파스타

비프파이타

치자단무지무침

팝콘치킨강정

오이피클

고구마맛탕

떠먹는 피자

꽃맛살샐러드

타마고샌드위치

이번주 다듬기의 필수 과정은 면 삶기예요. 면은 끓는 물에 면을 넣었다
뺐다를 반복해가며 삶아 얼음물에 헹궈 물기를 짜야 쉽게 붇지 않습니다.
우동, 메밀면 등은 도시락 싸는 당일 아침에 삶기를 권해요.

How to List

〔밑반찬 재료 다듬기〕
1 고구마는 껍질을 벗겨 깍둑썰어 찬물에 담근
다. 2 냉동 팝콘치킨은 실온에서 자연해동한다.
3 치자단무지는 씻어 물기를 뺀다. 4 푸실리와
꽃맛살을 끓는 물에 각각 삶고 데친다. 5 오이
는 깨끗이 씻어 묵칼로 모양내 썬다.

〔주반찬 재료 다듬기〕
1 고기는 핏물 제거 후 새우는 해동 후 밑간한
다. 2 메밀 소스용 무는 강판에 갈아둔다. 3 피
자용 소시지와 채소는 잘게 썰어 준비한다.
4 샌드위치용 달걀은 알끈을 제거해 곱게 푼다.

별미 도시락 밑반찬 만들기 **2일분**

조리과정이 복잡하지 않고 간도 세지 않은 반찬을 만들었어요.
간식처럼 먹기에도 좋은 메뉴들이죠. 두고 먹을 수 있는 저장식
밑반찬도 준비했습니다.

꽃맛살샐러드

오이피클

고구마맛탕

치자단무지무침

바질페스토파스타

팝콘치킨강정

고구마맛탕

고구마 200g, 올리고당 · 설탕 2큰술씩, 물 1큰술,
식용유 2컵

1. 고구마는 껍질을 벗겨 사방 2cm 크기로 깍둑썬다.
2. 깍둑썬 고구마는 찬물에 5분간 담가 전분기를
제거하고 키친타월에 올려 물기를 뺀다.
3. 팬에 식용유를 붓고 달구어 ❷의 고구마를 넣고
중간 불에서 튀긴다.
4. 노릇하게 튀긴 고구마는 키친타월에 올려
기름기를 제거한다.
5. 다른 팬에 올리고당, 설탕, 물을 넣고 약한 불에서
섞지 않고 녹인다.
6. 끓기 시작하면 불을 끄고 ❹의 튀긴 고구마를
넣고 버무린다.

COOKING TIP

한입크기 고구마에 올리브유를 발라 200℃로
예열한 오븐에서 앞뒤로 10분씩 구워내면
맛탕을 담백하게 즐길 수 있어요.

COOKING TIP

냉동 식품을 튀길 때는 반드시 자연해동 후
기름에 넣으세요. 곧장 튀기면 기름이 많이
튀어요.

팝콘치킨강정

냉동 팝콘치킨 100g, 가래떡 10cm, 식용유 1컵
소스 케첩 · 물 2큰술씩, 물엿 · 다진 마늘 1큰술씩,
고추장 · 설탕 1/2큰술씩

1. 냉동 팝콘치킨을 실온에서 10분 자동해동한다.
2. 가래떡을 팝콘치킨과 같은 크기로 썬다.
3. 달군 팬에 식용유를 부어 팝콘치킨과 가래떡을 넣어
중간 불에서 노릇노릇하게 튀긴다.
4. 분량의 재료를 섞어 소스를 만들어 한 번 끓인다.
5. 튀긴 팝콘치킨과 가래떡을 넣어 소스와 버무린다.

바질페스토파스타

푸실리 150g, 마늘 6쪽, 통조림 옥수수
2/3컵(100g), 바질페스토 2큰술, 올리브유
1큰술, 굵은소금 약간

1. 끓는 물에 굵은소금을 풀어 푸실리를 넣고
중간 불에서 9분간 삶는다.
2. 푸실리가 익으면 체에 밭쳐 물기를 뺀다.
3. 마늘은 편썰고 통조림 옥수수는 물기를
제거한다.
4. 달군 팬에 올리브유를 두르고 편썬 마늘을
넣고 중간 불로 노릇해질 때까지 볶는다.
5. 삶은 푸실리, 통조림 옥수수, 바질페스토를
넣어 중간 불에서 가볍게 볶아낸다.

COOKING TIP

바질페스토의 맛과 향이 강하다 느껴진다면
파마산치즈를 뿌려 섞어 드세요.

치자단무지무침

치자단무지 1팩(100g), 쪽파 3줄기,
고춧가루 1/2큰술, 설탕 · 참기름
1작은술씩

1. 치자단무지는 흐르는 물에 2~4번
씻고 물기를 뺀다.
2. 쪽파를 0.5cm 폭으로 송송 썬다.
3. 볼에 물기를 뺀 치자단무지와
송송 썬 쪽파를 넣고 고춧가루, 설탕,
참기름을 넣고 버무린다.

COOKING TIP

치자단무지가 없다면 일반 단무지로 대체해도
좋아요. 맛에는 큰 차이가 없답니다.

꽃맛살샐러드

꽃맛살 100g, 통조림 옥수수 1/3컵(50g),
굵은소금 약간
소스 마요네즈 2큰술, 설탕 1/2큰술,
레몬즙 1작은술, 후춧가루 약간

1. 끓는 물에 굵은소금을 풀어 꽃맛살을 넣고
30초간 데쳤다가 찬물에 씻어 물기를 뺀다.
2. 통조림 옥수수도 체에 밭쳐 물기를 제거한다.
3. 볼에 분량의 재료를 모두 섞어 소스를
만든다.
4. ❸에 물기를 뺀 꽃맛살과 옥수수를 넣고
섞는다.

COOKING TIP

기호에 따라 양파, 파프리카를 다져 넣어도 맛있어요.

오이피클

다다기오이 1개, 굵은소금 1큰술
배합초 물 1컵, 설탕 · 식초 1/2컵씩, 피클링스파이스 1큰술

1. 냄비에 물을 1/3가량 채우고 유리병을 뒤집어 넣고
끓여 열탕소독 후 건조시킨다.
2. 오이는 굵은소금으로 표면을 문질러 가시를
제거하고 깨끗한 물로 씻는다.
3. 오이는 묵칼을 이용해 1cm 폭으로 슬라이스한다.
4. 냄비에 배합초 재료를 넣고 센 불에서 한소끔 끓여
불을 끈다.
5. 소독한 병에 슬라이스한 오이를 넣고 ❹의 끓인
배합초를 붓는다.
6. 실온에 하루 두었다가 다음날 냉장보관해 먹는다.

COOKING TIP

오이를 썰 때 묵칼을 이용하면 비주얼에
포인트를 줄 수 있어요.

전날 저녁 15분 밑작업 + 당일 아침 20분 조리하기

별미 도시락 주반찬 만들기

1일분

밥 대신 즐기는 별미 도시락! 잠시 패밀리레스토랑에
온 듯한 메뉴들로 일주일을 준비합니다. 부드러운
타마고샌드위치부터 떠먹는 피자, 속시원한 냉메밀과
샐러드우동, 든든한 비프파이타까지… 사라진 입맛도
되돌릴 별미가 가득해요.

냉메밀
전날 저녁 쯔유를 만들어
냉모밀용 육수를 준비한다.

타마고샌드위치
전날 저녁 볼에 달걀을
풀어 맛술, 간장, 설탕,
우유를 넣고 섞어
달걀물을 만든다.

떠먹는 피자
전날 저녁 손질한 채소들은
한 번씩 볶아둔다.

샐러드우동
전날 저녁 분량의 재료를 섞어
샐러드 드레싱을 만든다.

비프파이타
전날 저녁 새우는 소금물에 담가
자연해동 후 밑간하고, 소고기도
밑간한다.

요일별 주반찬 5

숟가락으로 간편하게 즐기는

떠먹는 피자

식빵 2장, 빨간색 파프리카 · 청피망 1/6개씩,
비엔나소시지 6개, 모짜렐라치즈 100g, 통조림 옥수수
1/3컵(50g), 토마토소스 4큰술, 식용유 1/2큰술

전날저녁

1. 파프리카와 피망은 사방 0.5cm 크기로 썰고 소시지도 1cm
폭으로 슬라이스한다. 통조림 옥수수는 체에 밭쳐 물기를 뺀다.
2. 달군 팬에 식용유를 두르고 썰은 파프리카, 피망, 소시지를 넣고
볶는다.
3. 식빵은 테두리를 제거하고 작게 잘라 도시락 바닥에 깐다.
4. 식빵 위에 토마토소스를 바르고 물기를 뺀 통조림 옥수수와 볶은
채소와 소시지를 올린다.
5. ④ 위에 모짜렐라치즈를 올리고 전자레인지에서 1분 돌렸다가
30초 휴식을 두 번 반복해 치즈를 충분히 녹인다.

COOKING TIP

고구마나 감자 도우도 추천

식빵 대신에 고구마나 감자를
도우로 대체해도 맛있어요. 이때
고구마와 감자는 삶아 으깨
넣어주세요. 부드러운 식감이
피자와 잘 어울린답니다.

취향대로 골라 먹는

비프파이타

토르디아 2장, 냉동 새우(大) 6마리, 소고기 안창살 100g, 빨간색
파프리카 · 노란색 파프리카 · 양파 1/6개씩, 양상추 1/8통, 사워크림
3큰술, 식용유 · 버터 1/2큰술씩, 소금 · 후춧가루 약간씩
고기 밑간 올리브유 1큰술, 소금 · 후춧가루 약간씩
새우 밑간 맛술 1/2작은술, 후추가루 약간
살사소스 다진 토마토 4큰술, 다진 양파 3큰술, 올리브유 · 설탕 · 레몬즙 ·
핫소스 1작은술씩, 소금 · 후춧가루 약간씩
과카몰리 으깬 아보카도 1/2개 분량, 다진 토마토 · 다진 양파 3큰술씩,
레몬즙 1/2큰술, 다진 마늘 1/2작은술, 소금 · 후춧가루 약간씩

전날저녁

1. 냉동 새우는 물에 담가 해동 후 씻어 물기를 제거해 밑간한다.

2. 소고기는 키친타월로 핏물을 제거한 뒤 밑간한다.

3. 파프리카와 양파는 0.5cm 폭으로 채썰고, 양상추는 1cm 폭으로 채썬다.

4. 뜨겁게 달군 팬에 밑간한 소고기를 굽는다.

5. 달군 팬에 버터를 녹이고 밑간한 새우를 구워 따로 둔다.

6. 팬에 식용유를 살짝 둘러 양파를 볶다가 투명해지면 파프리카를 넣고 소금,
후춧가루를 넣어 볶는다.

7. 각각의 재료를 모두 넣고 섞어 살사소스와 과카몰리를 만든다.

8. 토르디아는 기름 없이 팬에서 앞뒤로 살짝 구워 준비한 재료를 넣는다.

9. 사워크림, 살사소스, 과카몰리 중 원하는 소스를 골라 올려서 먹는다.

COOKING TIP

사워크림 소스 만들기

사워크림은 집에서도
손쉽게 만들 수
있어요. 생크림 1/4컵,
플레인요구르트
1과2/3큰술, 레몬즙
1작은술을 섞어
실온에서 12시간 숙성
후 사용하세요.

나른함을 깨우는 시원한 맛

냉메밀

메밀국수 1줌(130g), 무 20g, 무순 약간,
고추냉이 1작은술, 굵은소금 약간
냉육수(쯔유) 간장 1컵, 설탕 · 맛술
3과1/2큰술씩, 다시마 5x5cm 2장,
가츠오부시 1/2줌, 물 적당량

전날
저녁

1. 냄비에 간장, 설탕, 맛술, 다시마, 가츠오부시를 넣고 쯔유를
만든다. 중간 불에서 끓어오르면 약한 불로 줄여 3분간 끓였다가
체에 밭쳐 식힌다. 기호에 맞춰 물을 섞어 준비한다.

2. 강판에 무를 간다. 무의 양은 취향껏 넣어도 좋다.

3. 끓는 물에 굵은소금을 풀어 메밀국수를 넣고 5분간 삶은 뒤
얼음물에 헹궈 물기를 쫙 뺀다.

4. 메밀국수와 쯔유는 따로 분리하여 담고 메밀국수 위에
고추냉이와 갈은 무, 무순을 올린다.

COOKING TIP

쯔유와 물의 비율은 1:1.5

집에서 만든 쯔유는 물과 1:1.5로
섞어 사용하세요. 시판 쯔유 역시
제조사마다 농도가 다르므로
확인 후 사용하세요.

색다른 쿨 파스타

샐러드우동

우동사리 1봉지, 냉동 새우(大) 6마리, 양상추 1/8통,
빨간색 파프리카 · 노란색 파프리카 1/6개씩, 버터
1큰술, 파마산치즈가루 1/2큰술, 굵은소금 ·
후춧가루 약간씩
오리엔탈 드레싱 간장 · 올리브유 · 설탕 2큰술씩, 식초 ·
맛술 · 다진 마늘 1큰술씩

전날 저녁

1. 냉동 새우는 굵은소금을 푼 소금물에 담갔다가 겉면의 얼음이 녹으면
체에 밭쳐 후춧가루를 뿌려 15분간 밑간한다.
2. 양상추는 한 장씩 떼어 흐르는 물에 씻어 체에 밭쳐 물기를 제거한다.
파프리카는 얇게 채썬다.
3. 분량의 재료를 모두 섞어 소스를 준비한다.
4. 달군 팬에 버터를 녹여 밑간한 새우를 넣어 굽는다.
5. 우동사리는 끓는 물에 넣어 2분간 삶아 체에 밭쳐 물기를 뺀다.
6. 도시락에 양상추와 파프리카를 담고 치즈가루를 뿌린 뒤 삶은 우동과
버터에 구운 새우를 올린다. 소스는 소스통에 담아 넣는다.

COOKING TIP

참깨소스 궁합도 굿

샐러드는 소스만 바꿔도 새
요리 같아요. 참깨소스에도
도전해보세요. 마요네즈
3큰술, 참깨 2큰술, 양파
1/8개, 간장 · 레몬즙
1큰술씩, 설탕 · 올리고당
1/2큰술씩, 참기름 1작은술
을 믹서에 넣고 갈아요.

상상초월 비주얼

타마고샌드위치

식빵 2장, 달걀 6개, 우유 1/2컵, 설탕
2큰술, 맛술 1/2큰술, 간장 1작은술
소스 머스터드소스 · 딸기쨈 1큰술씩

전날 저녁

1. 볼에 달걀 6개를 잘 풀어 설탕, 맛술, 간장을 넣고 섞은 뒤 우유를
섞어 체에 걸러 알끈을 제거한다.

2. 오븐 용기는 식빵 크기에 맞춰 준비하고 눌러붙지 않도록 그릇
아래와 옆으로 유산지를 깐다.

3. ❷에 ❶을 붓고 용기 바닥을 탁탁 쳐서 공기를 뺀다.

4. 타지 않도록 ❸ 위에 유산지를 덮고 160℃로 예열한 오븐에서
40~50분 굽는다. 집집마다 오븐 사양이 다르므로 중간중간
확인한다.

5. 식빵 테두리를 썰고 한쪽은 머스터드소스, 다른 한쪽은 딸기쨈을
바르고 그 사이에 오븐에서 구운 달걀지단을 넣어 마무리한다.

COOKING TIP

오븐 없이 팬에서도 조리 가능

달걀말이 팬으로도 만들 수
있어요. 기름을 살짝 두른 팬에
준비한 달걀물의 절반을 부어
약한 불에서 휘저어 한쪽으로
몰고 남은 달걀물을 부어 반 접어
사각형 모양을 만들어요. 2~3번
반복하면 두툼한 달걀말이가
완성됩니다.

월요일
Monday

떡먹는 피자 ○ ○

오이피클 ○
고구마맛탕
꽃맛살샐러드 ○ ○ ○

도시락으로 즐기는
콤비네이션 피자 파티

오늘의 도시락

1단+2단 떠먹는 피자
3단 오이피클+고구마맛탕+꽃맛살샐러드

평소 애정하는 메뉴 중 하나가 피자예요. 토핑부터
도우까지 어떤 종류든 다 좋아하죠. 좋아하는 음식이다
보니 어떻게든 도시락에 넣고 싶어졌고 그렇게 생각한
메뉴가 떠먹는 피자랍니다. 주로 식빵을 도우로
활용하는데 삶아 으깬 고구마를 이용하기도 해요.
식빵에 토마토소스를 바르고 위에 볶은 채소를 듬뿍
올려주면 식감도 좋답니다. 모짜렐라치즈는 원하는
만큼 듬뿍 올리고 꿀을 살짝 바르면 더 맛있어요.
피자와 어울리는 피클도 꼭 같이 챙겨주세요. 달달한
고구마맛탕과 꽃맛살샐러드도 함께 넣어요.

TIP **1단 도시락 싸기**
떠먹는 피자를 도시락 크기에 맞춰
담고, 피클로 섹션을 나눠 나머지
반찬을 담았어요.

화요일
Tuesday

비프파이타 ○ ○ ◌ ○

과카몰리 ○
사워크림 ○
살사소스 ○ ○

도시락을 여는 순간
여기는 패밀리 레스토랑

오늘의 도시락

1단 비프파이타
2단 과카몰리+사워크림+살사소스

이름만 들어도 설레는 멕시칸 대표 요리 비프파이타!
스페인어로 안창살을 뜻하는 '파이타'에서 유래한
요리로 토르디아에 구운 소고기와 새우, 채소를 듬뿍
올린 뒤 소스를 뿌려 돌돌 싸먹는 음식이지요. 원하는
재료를 쌈처럼 싸먹을 수 있어 조리는 물론 먹기도
편해요. 곁들이는 소스에 따라 그 맛도 다릅니다. 기본
소스인 사워크림은 물론 아보카도로 만든 과카몰리,
매콤한 살사소스까지 모두 만들어 넣었어요. 소고기
대신 닭고기로 만들어도 맛있답니다.

TIP **1단 도시락 싸기**
바닥에 샐러드 채소를 깔고 구운 소고기와
새우, 채소를 올렸어요. 살사소스와
콰카몰리는 소스통에 담아 넣습니다.

수요일
Wednesday

냉메밀 ○ ○ ●

고구마맛탕
치자단무지무침
키위 ○ ○

냉육수 ○

면 따로, 육수 따로
후다닥 맛보는 별미

오늘의 도시락

1단 냉메밀
2단 고구마맛탕+치자단무지무침+키위
3단 냉육수

메밀국수도 즐겨 먹는 메뉴예요. 맛있는 쯔유만 있다면
냉메밀로 온메밀로 뚝딱 만들어 먹기 좋답니다. 오늘은
고추냉이와 곁들여 정신이 번쩍 드는 시원한 냉메밀을
준비해봅니다. 새하얀 무를 갈아 올리고, 무순으로
장식하니 보기에도 먹음직스러워요. 냉육수는 통에
따로 담아 넣어 즉석에서 냉메밀을 만들게끔 했어요.
면이 담긴 도시락 통에 냉육수를 부어 먹으면 되지요.
달달함에 기분까지 좋아지게 만들어줄 고구마맛탕과
새콤한 치자단무지무침, 디저트 키위까지 기분
좋아지는 도시락입니다.

TIP 1단 도시락 싸기
소스통에 냉육수를 담고 메밀면과 무즙,
무순을 담았어요. 판메밀처럼 즐기기
좋아요.

목요일
Thursday

샐러드우동
with 오리엔탈 드레싱
○ ○ ○ ○

팝콘치킨강정 ○
치자단무지무침
바질페스토파스타 ○ ○

샐러드야? 우동이야?
심플 스페셜 메뉴

오늘의 도시락

1단 샐러드우동 with 오리엔탈 드레싱
2단 팝콘치킨강정+치자단무지무침+바질페스토파스타

면 요리를 도시락 메뉴로 준비하기는 쉽지 않죠. 자칫
면이 너무 불어버려 한 덩어리가 될 수도 있으니까요.
면 마니아로서 지금까지 이런저런 면 요리를 도시락에
담아봤는데 그중에서도 나름 성공적이었던 면이
우동이에요. 아침에 삶아 넣으면 점심이 되어도 많이
불지는 않더라고요. 샐러드우동은 아삭한 샐러드
채소와 구운 새우, 우동 면을 소스와 버무려 먹는
요리예요. 새우를 서로 마주보게 넣어 하트모양을
만들어도 귀엽죠. 냉동 팝콘치킨을 튀겨 만든
팝콘치킨강정과 바질페스토파스타를 함께 넣어 속이
너무 허하지 않도록 신경썼어요. 샐러드우동의 부족한
간은 치자단무지무침으로 조율하세요.

TIP **1단 도시락 싸기**
샐러드 채소를 깔고 우동면과 구운
새우를 넣었어요. 반찬으로 빈
공간을 채워요.

금요일
Friday

타마고샌드위치 ○

바질페스토파스타 ○ ○

꽃맛살샐러드 ○ ○
오이피클 ○
팝콘치킨강정 ○

주말을 맞는 우리의 자세
샌드위치 왕중왕 전

오늘의 도시락

1단 타마고샌드위치
2단 바질페스토파스타
3단 꽃맛살샐러드+오이피클+팝콘치킨강정

샌드위치는 스리도시락에서 빼놓을 수 없는 도시락
메뉴예요. 마요네즈 듬뿍 넣은 채소샌드위치,
감자를 넣은 감자샌드위치, 어린이 입맛의
햄치즈샌드위치 등 재료와 소스를 바꿔 자주 만들어
먹죠. 그러나 샌드위치의 왕을 꼽으라면 주저 없이
타마고샌드위치를 꼽습니다. 오직 달걀 하나로 기가
막힌 맛을 내니, 가히 샌드위치의 혁명이라 할 수
있죠. 원래 타마고샌드위치는 홀그레인 머스터드와
고추냉이마요네즈를 이용해서 만들지만 취향에 따라
다른 소스를 곁들여도 좋아요. 먹을수록 중독되는
바질페스토파스타, 모양도 예쁜 꽃맛살샐러드, 새콤달콤
오이피클 그리고 팝콘치킨강정도 함께 넣었어요.

TIP **1단 도시락 싸기**
3단으로 나눠 샌드위치, 피클&강정,
샐러드를 담았어요.

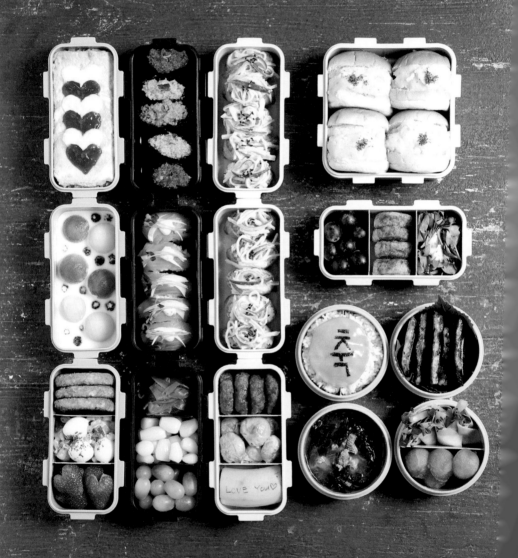

SPECIAL DAY

스페셜 도시락

in 기념일

특별한 날, 특별한 도시락을 준비합니다. 생일부터
밸런타인데이, 크리스마스, 스포츠데이, 피크닉까지…
기념일은 수두룩하죠. 이런 날에는 컬러감이 돋보이는
핑거푸드를 주로 만듭니다. 도시락 장식을 위해 미용가위와
약병까지 총동원되는 날이기도 합니다.

밸런타인데이	하트오므라이스+과일화채+해시브라운+메추리알샐러드+딸기
피크닉	크래미유부초밥+미니돈가스강정+미니양배추볶음+바나나
생일	메시지밥+미역국+LA갈비구이+무쌈말이+수박
스포츠데이	감자샐러드빵+적포도+매콤치킨볼+샐러드
크리스마스	날치알초밥+연어초밥+초생강+락교+청포도

1단

하트오므라이스 ○○

2단

과일화채 ○○○

3단

해시브라운 ○
메추리알샐러드 ○○
딸기 ○

초콜릿 말고 도시락

밸런타인데이

달콤한 초콜릿으로 사랑을 나눈다는 이날. 도시락으로 사랑을
전해요. 평범한 오므라이스 위에 케첩과 마요네즈로 하트를 만들고,
귀여운 하트딸기와 달콤한 과일화채를 준비했습니다. 부드러운
메추리알샐러드와 구운 해시브라운도 함께 담습니다.

하트오므라이스

밥 1공기(200g), 달걀 2개, 당근 · 애호박 1/8개씩,
비엔나소시지 4개, 식용유 1큰술, 굴소스 1/2큰술,
케첩 · 마요네즈 적당량씩

1. 당근, 애호박은 잘게 다지고 소시지는 송송
썬다.
2. 팬에 식용유를 둘러 다진 당근을 볶다가 살짝
익으면 다진 애호박과 소시지를 넣고 볶는다.
3. 얼추 익으면 밥과 굴소스를 넣고 중간 불에서
볶는다.
4. 달걀을 풀어 체에 밭쳐 알끈을 제거한 뒤 팬에
식용유를 둘러 약한 불에서 지단을 만든다.
5. ❹를 도마 위에 놓고 도시락 용기 기준으로
가로만 4cm 길게 자른다.
6. 도시락에 ❸의 볶음밥을 담고 그 위에
달걀지단을 씌운다.
7. 케첩과 마요네즈를 약병에 담아 케첩 ⋯⟩
마요네즈 ⋯⟩ 케첩 ⋯⟩ 마요네즈 ⋯⟩ 케첩 순으로
하트를 그린 뒤 이쑤시개로 모양을 잡는다.

과일화채

수박 · 멜론 30g씩, 블루베리 10g, 스프라이트 · 우유
1/2컵씩, 연유 1큰술

1. 블루베리는 베이킹소다를 푼 물에 살살 흔들어
씻는다.
2. 수박과 멜론은 아이스크림스쿱을 이용하여
둥글게 뜬다.
3. 볼에 스프라이트, 우유, 연유를 섞고 수박, 멜론,
블루베리를 넣는다.

1단+2단

크래미유부초밥 ○ ○ ○ ○ ○

3단

미니돈가스강정 ○
미니양배추볶음 ○
바나나

나눠 먹어 더 맛있는 도시락
피크닉

봄과 가을이면 잠깐이라도 어디로든 떠나고 싶어집니다. 꽃구경,
단풍구경은 물론 집앞 공원을 가더라도 돗자리와 도시락을 준비하죠.
크래미유부초밥은 우리집 단골 피크닉 메뉴예요. 바나나 껍질에
이쑤시개로 글자를 새겨 즐거움을 더해요.

크래미유부초밥

밥 1공기(200g), 사각유부 10조각, 크래미 5개,
오이 1/4개, 마요네즈 3큰술, 설탕 1/2큰술,
레몬즙 · 굵은소금 · 후춧가루 약간씩
배합초 식초 1/2큰술, 설탕 1작은술, 소금 한꼬집

1. 오이는 굵은소금으로 겉을 깨끗이 씻은 후 안의
씨를 제외하고 길이 3cm로 얇게 채썬다.
2. 크래미를 잘게 찢어 볼에 채썬 오이와
마요네즈, 설탕, 레몬즙, 후춧가루를 넣고 섞는다.
3. 사각유부는 살짝 짜서 물기를 제거한다
4. 분량의 재료를 섞어 배합초를 만들어
전자레인지에 10초 정도 돌린 후 밥과 섞는다.
5. ❸의 유부에 밥을 2/3만 채우고 나머지 1/3에
❷를 올린다.

미니양배추볶음

미니양배추 50g, 꿀 2큰술, 식용유 1큰술,
굵은소금 약간

1. 미니양배추 껍질을 한 장 벗겨내고 물로 씻어
반으로 가른다.
2. 끓는 물에 굵은소금을 풀어 미니양배추를 넣고
2분간 중간 불에서 데쳐 물기를 뺀다.
3. 달군 팬에 식용유를 두르고 데친 미니양배추를
넣고 중간 불에서 볶는다.
4. 미니양배추가 앞뒤로 노릇 하게 익어가면 꿀을
넣고 중약불에서 10초간 볶아낸다.

1단

메시지밥 ◦ ◦ ◦

3단

LA갈비구이 ◦ ◦

2단

미역국 ◦ ◦

4단

무쌈말이 ◦ ◦ ◦ ◦
수박 ◦

도시락으로 전하는 메시지
생일

축하하는 마음을 담아 치즈 위에 김으로 '축'이라는 글자를
붙이고, 생일에 빠질 수 없는 뜨끈한 소고기 미역국도 끓입니다.
LA갈비구이도 구워내고 새콤달콤 무쌈말이도 넣어 파티 분위기를
살렸죠. 인기짱 생일 도시락입니다.

LA갈비구이

LA갈비 400g
양념장 양파 1/6개, 생강 1/3톨, 간장 · 맛술 · 설탕 · 물
5큰술씩, 배즙 · 다진 마늘 2큰술씩, 후춧가루 약간

1. 갈비는 찬물에 담가 핏물이 나오지 않을 때까지
1시간 간격으로 물을 교체해가며 핏물을 뺀다.
2. 갈비의 기름 부분은 칼로 제거한다.
3. 양파와 생강은 믹서에 간 뒤 분량의 재료를
섞어 양념장을 만든다.
4. ❷의 갈비를 양념장에 넣고 최소 3시간 이상
숙성시킨다.
5. 팬에 ❹를 올려 중약 불에서 구워낸다.

무쌈말이

쌈무 7개, 빨간색 파프리카 · 노란색 파프리카
1/4개씩, 맛살 1줄, 무순 약간
소스 설탕 · 식초 1큰술씩, 연겨자 · 간장 1/2큰술씩

1. 파프리카는 4×1cm 크기로 자르고, 맛살은
세로로 반 갈라 4cm 길이로 자른다.
2. 쌈무를 펼쳐 파프리카, 맛살, 무순을 쌈무의 2/3
지점까지 올린 뒤 쌈무의 남은 부분을 위로 접어
올리고 양쪽을 포갠다.
3. 분량의 재료를 모두 섞어 소스를 만들어
곁들인다.

1단

감자샐러드빵 ○

2단

적포도 ○
매콤치킨볼 ○
샐러드 ○○

친정엄마의 시그니처 메뉴
스포츠데이

어릴 적 운동회 때면 엄마가 싸주던 도시락이 떠오르는 날이에요.
엄마의 시그니처 메뉴는 감자샐러드빵과 우유였죠. 너무 맛있어서
달리기에서 꼴지를 해도 마냥 기분 좋았어요. 그맛을 떠올리며
만들었어요. 아삭한 오이가 신의 한수랍니다.

감자샐러드빵

모닝빵 4개, 감자 2개, 달걀 1개, 오이 1/4개,
마요네즈 3큰술, 굵은소금 2큰술, 머스터드소스 ·
꿀 1큰술씩, 소금 1/2큰술, 후춧가루 약간

1. 감자는 껍질을 벗겨 깍둑썰어 냄비에 넣는다.
2. ❶의 감자가 잠길 만큼의 물을 붓고 굵은소금
1/2큰술을 풀어 중간 불에서 20분간 삶는다.
3. 달걀도 굵은소금 1/2큰술을 푼 물에 10분간
삶아낸다.
4. 오이는 굵은소금 1큰술로 박박 문질러 씻어
송송 썰고 소금 1/2큰술에 버무려 15분간 절인다.
5. 다 익은 달걀은 껍질을 벗기고 볼에 삶은
감자와 달걀을 넣고 포크로 으깬다.
6. 소금에 절인 오이는 물로 깨끗이 씻고
키친타월로 수분을 제거하고 칼로 잘게 다진다.
7. ❺에 다진 오이와 마요네즈, 머스터드소스, 꿀,
후춧가루를 넣고 섞어 약간의 소금으로 간해 빵
사이에 넣는다.

매콤치킨볼

냉동 닭가슴살볼 100g, 식용유 2큰술
양념장 고추장 1큰술, 케첩 · 물 · 물엿 1/2큰술씩,
설탕 1작은술, 다진 마늘 1/2작은술

1. 냉동 닭가슴살볼을 실온에 꺼내 10분간
자연해동한다.
2. 달군 팬에 식용유를 두르고 해동한
닭가슴살볼을 굽는다.
3. 분량의 재료를 섞어 양념장을 만든다.
4. 구운 닭가슴살볼에 양념장을 넣고 버무린 후
한 번 끓여낸다.

1단

날치알초밥 ○○ ○

2단

연어초밥 ○○ ○

3단

초생강 ○
락교 ○
청포도 ○

겨울에는 알록달록 초밥

크리스마스

알록달록 삼색 날치알을 이용해 크리스마스 초밥을 만들었어요.
연어초밥도 빠지면 아쉽겠죠! 초밥 도시락은 여름보다는 날씨가
차가운 겨울에 싸는 게 안전해요. 냉동 훈제연어는 전날 냉장고로
옮겨 자연해동해 사용하세요.

날치알초밥

밥 1/2공기(100g), 날치알(빨간색 · 노란색 · 초록색)
각 30g씩, 김밥용 김 2장, 무순 약간, 고추냉이
1/2큰술, 탄산수 1컵
배합초 식초 1/2큰술, 설탕 1작은술, 소금 약간

1. 날치알은 탄산수에 15분간 담갔다가 물기를
제거한다.
2. 김밥용 김은 세로로 길게 4등분한다.
3. 분량의 재료를 섞어 배합초를 만들어
전자레인지에 15초 정도 돌린 후 밥과 섞는다.
4. 손에 살짝 물을 묻혀 ❸의 밥을 손가락 두 개
굵기의 두 마디 크기보다 작게 만들어 김밥용
김에 밑단을 맞춰 하나씩 감싼다.
5. 밥 위에 고추냉이를 작게 올리고 남은 부분에
날치알을 담고 무순을 올린다.

연어초밥

밥 1/2공기(100g), 훈제연어 슬라이스 5장,
양파 1/6개, 김밥용 김 1장, 무순 약간, 고추냉이
1/2큰술
배합초 식초 1/2큰술, 설탕 1작은술, 소금 약간
소스 양파 1/8개, 피클 3조각, 마요네즈 2큰술,
레몬즙 1큰술, 꿀 1/2큰술, 소금 · 후춧가루 약간씩

1. 양파는 가늘게 채썰어 찬물에 10분간 담가
매운맛을 없앤다.
2. 소스용 양파와 피클은 아주 잘게 다진 후
분량의 재료를 섞어 소스를 만든다.
3. 분량의 재료를 섞어 배합초를 만들어
전자레인지에 15초 정도 돌린 후 밥과 섞는다.
4. 김밥용 김을 세로로 4등분해 자른다.
5. 손에 살짝 물을 묻혀 ❸의 밥을 손가락 두 개
굵기의 두 마디 크기보다 작게 만들어 김밥김에
밑단을 맞춰 하나씩 감싼다.
6. ❺에 고추냉이를 올리고 훈제연어를 올린 뒤
❷의 소스와 양파채, 무순을 올린다.

한 번 장봐서 일주일 먹는다

한입에 주간 도시락

2021년 3월 3일 3쇄 발행

요리	이이슬 @_miniseul
사진	박영하(여름.夏스튜디오)
도시락 협찬	락앤락 www.locknlock.com
디자인	Bightball Studio
펴낸이	문영애
펴낸곳	주작걸다
주소	〒16825 경기 용인시 수지구 동천로 64
이메일	suzakbook@naver.com
인스타그램	@suzakbook
출력/인쇄	도담프린팅

값 13,800원   ISBN 978-89-6993-021-7 14590